● 上海市‘十三五’重点图书出版规划项目

● 环境艺术设计专业标准教材

室内设计简史

吴卫光 主编　杜肇铭 编著

上海人民美術出版社

图书在版编目（CIP）数据

室内设计简史 / 杜肇铭编著. —上海：上海人民美术出版社，2018.1
环境艺术设计专业标准教材
ISBN 978-7-5586-0609-0

Ⅰ.①室… Ⅱ.①杜… Ⅲ.①室内装饰设计—建筑史—世界—教材 Ⅳ.①TU238-091

中国版本图书馆CIP数据核字（2017）第273247号

环境艺术设计专业标准教材
室内设计简史

主　　编：吴卫光
编　　著：杜肇铭
统　　筹：丁　雯
责任编辑：姚宏翔
流程编辑：孙　铭
封面设计：林家驹
版式设计：胡思颖
技术编辑：戴建华
出版发行：上海人民美術出版社
（地址：上海长乐路672弄33号　邮编：200040）
印　　刷：上海丽佳制版印刷有限公司
开　　本：889×1194　1/16　10印张
版　　次：2018年1月第1版
印　　次：2018年1月第1次
书　　号：ISBN 978-7-5586-0609-0
定　　价：65.00元

序言

培养具有创新能力的应用型设计人才，是目前我国高等院校设计学科下属各专业人才培养的基本目标。一方面，这个基本目标，是由设计学的学科性质所决定的。设计学是一门综合性的学科，兼有人文学科、社会科学与自然科学的特点，涉及精神与物质两个方面的考虑。从“设计”这个词的语源来看，创新与应用是其题中应有之义。尤其在高科技和互联网已经深入到我们生活中每一个细节的今天，设计再也不是“纸上谈兵”，一切设计活动都与创造直接或间接的经济利益和物质财富紧密相关。另一方面，这个目标，也是新世纪以来高等设计专业教育所形成的一种新型的人才培养模式。在从“中国制造”向“中国创造”转型的今天，早已在全国各地高等院校生根开花的设计专业教育，已经做好了培养创新型人才的准备。

本套教材的编写，正是以培养创新型的应用人才为指导思想。

鉴此，本套教材极为强调对设计原理的系统解释。我们既重视对当今成功设计案例的批评与分析，更注重对设计史的研究，对以往的历史经验进行总结概括，在此基础上提炼出设计自身所具有的基本原则和规律，揭示具有普遍性、系统性和对设计实践具有切实指导意义的设计原理。其实，这已经是设计专业教育的共识了。本套教材希望将设计的基本原理、系统方法融汇到课程教学的各个环节，在此基础上，以原理解释来开发学生的设计思维，并且指导和检验学生在课程教学中所进行的一系列设计练习。

设计的历史表明，推动设计发展的动力，通常来自社会生活的需求和科学技术的进步，设计的创新建立在这两个起点之上。本套教材的另一个特点，是引导学生认识到设计是对生活问题的解决，学会利用新的科学技术手段来解决社会生活中的问题。本套教材，希望培养起学生对生活的敏感意识，对生活的关注与研究兴趣，对新的科学技术的学习热情，对精神与物质两方面进行综合思考的自觉，最终真正将创新与应用落到实处。

本套教材的编写者，都是全国各高等设计院校长期从事设计专业的一线教师，我们在上述教学思想上达成共识，共同努力，力求形成一套较为完善的设计教学体系。

吴卫光

于 2016 年教师节

前言

作为新兴的设计学科，“室内设计”是环境设计专业中不可或缺的重要组成部分。室内设计的历史发展是与建筑的历史发展相同步的，但是又具有自身的发展特点。室内设计的发展与各地区、各国家的经济发展密切相关，同时又受到地域文脉、地方传统文化以及现代科学技术发展的影响，具有极强的时代特征。

室内设计在我国的发展起步于20世纪80年代初，时间不长但是发展迅速，室内设计专业已成为目前全国各大专业美术学院和综合类艺术学院的热门专业或方向。良好的环境会影响人的行为规范，室内设计艺术对提高我国居民生活环境品质、提升民众的综合素质有着巨大的推动作用。在我国经济快速发展的今天，室内设计师的角色不仅仅是做好本行业的服务，而且要以社会责任和引领设计风潮的态度对社会、对大众做出更为重要的贡献。面对信息技术的全面渗透、碎片式的知识传递方式以及同质化的室内设计现状，室内设计发展史的理论梳理就显得尤为迫切和重要。回望设计历史，学习设计理论是专业学生借鉴过去、明晰当下、展望未来，突出设计个性和作品设计特色的重要路径。

本教材编写人员阅读了大量相关书籍，深入了解了古今中外建筑和室内设计发展历史，通过实地拍摄、查询专业书籍、查询网络等各种途径收集了数量众多的设计案例，精选出不同时期、不同地域的具有代表性的设计案例进行精心编排，尽量呈现出室内设计的发展过程以及设计案例的特征，让学生能够自我思考辨析。本教材的编写以世界建筑历史演变时间为纵轴，以各国家、各地区同时代室内设计发展状况为横轴，强调理论知识的跨学科、跨专业交叉特点；贯通横轴时间段，打通地域界限，将事件、案例横向比较，增加内容的广度和兴趣点；强调简史特征，主线清晰、概念清楚、事件明确、语言简练；方便学生了解世界各地区、各历史发展阶段室内设计地域差异，提高学生对专业基础理论知识的认识。

室内设计涵盖知识面广，地区历史文化差异大，涉及建筑学、艺术学、社会学、经济学、美学、心理学等学科；室内设计历史发展跨度大，受到建筑流派与设计风格发展的直接影响。在本书的编写梳理过程中，由于时间略显仓促，书中难免有错误和疏漏之处，在此敬请同行和读者批评指正！

2017.6

目录 Contents

Chapter 3 古典时期

Chapter 4 中世纪时期

Chapter 5 文艺复兴时期

Chapter 6 巴洛克 洛可可时期

Chapter 7 欧洲早期工业社会时期

Chapter 8 工业化时期

Chapter 9 后工业社会时期

Chapter 1

原始社会时期

学习目标

了解原始社会时期，中外地区建筑构造与材料应用的差异所导致的不同形态特征；了解原始人类对于建筑室内布局和装饰所形成的朦胧审美意识。

学习重点

1. 总结西方原始社会时期的巨石建筑和中国原始社会时期木构建筑的形成原因。
2. 了解中西方原始装饰图案语言的差异。
3. 了解原始社会时期室内陈设的基本特征。

原始社会时期大约处于公元前170万年到公元前21世纪期间，先后经历了旧石器时代（距今约300万年—距今约1万年）和新石器时代（距今约1万年—距今约5000年）两个不同的时间段。同一时期，西亚地区率先步入了新石器文明，最早完成原始社会到奴隶社会的过渡。距离西亚较近的西欧及地中海地区，再到亚洲东部的中国地区，各个地区的原始文明在漫长的社会发展进程中逐渐出现了不同的变化，完成了原始建筑及室内空间由初期的简单形态到后来复杂多样形式的转变。

一、概述

大约在 170 万年前的旧石器时代，原始人类掌握了天然火的使用，开始制造出简单粗糙的打制石器工具，以种族部落的形式聚居在一起，过着狩猎捕鱼的生活，栖身在天然洞穴或原始森林里。在漫长的洞穴生存过程中，原始人类逐渐拥有了初级审美意识，法国拉斯科洞穴壁画以及史前中国的南北方岩画，呈现出原始人类对于生存环境装饰美需求的倾向。

大约在 1 万年前的新石器时代，原始人类开始掌握了农耕技术，过上了定居的生活。随着技艺手段的不断提高，各种陶器、漆器等手工艺品大量涌现，器具表面各种具有装饰性的几何纹样说明了原始人类审美层次的不断提升。此外，建筑技术的发展促进了不同地域建筑形态的发展，使之形成了各自的特点。

1. 西亚地区

位于地中海东部海岸的西亚地区是人类文明的发源地之一。大约在公元前8000 年，西亚原住居民掌握了农耕技术手段，形成了有组织的村落生活。当地人发明了泥砖并广泛应用黏土技术，促进了当地原始建筑形态的发展，最具有代表性的是位于土耳其的加泰土丘遗址。

2. 西欧及地中海沿岸

原始西欧及地中海沿岸地区是巨石建筑文化最早的发源地之一，可能是受到宗教崇拜和巫术礼仪的影响，约公元前 3500 年左右，这一地区出现了大量的巨石建筑。巨石上的各种奇特纹样，代表着某种宗教影响下的艺术痕迹，构成了原始时期具有地域特点的装饰艺术形式。

3. 中国

原始时期的中国，从旧石器时代到新石器时代，原始人类逐渐掌握了土木混合的建筑技术，懂得利用简单的木结构进行房屋建造。由穴居到半穴居，居住地面不断抬高，地面建筑成为了可能。父系社会的稳定性使得建筑形态和聚居形式逐渐多样，黄河流域的仰韶文化和龙山文化时期遗址代表了这一时期建筑发展的变化。

总的来说，在尚未出现农耕技术的旧石器时代，世界各地原始人类的生活方式和居住条件差别不大，到了新石器时代才逐渐出现地域性的建筑差异。典型的特点是西方建筑以砖石材料为主，而中国及东亚地区的建筑以土木材料为主。

二、建筑发展概况

原始社会时期，居住模式多以天然洞穴和简陋巢居为主，随着人类对农耕技术的掌握，定居成为了可能，人造建筑取代了天然穴居，人造房屋的出现标志着人类已经产生了建筑的概念。各地区环境条件的差异、各种天然材料的分布特点，以及人类对于就地取材建造技术的不同理解，造就了不同地区建筑形态的差异和特色。

❶ 约旦，杰里科的塔楼墙壁，新石器时代

1. 西亚原始建筑

在公元前 9000 年左右，位于亚洲西部的地中海东部海岸地区约旦河谷西侧的杰里科（图 1），出现了人类最早的定居点。到了农耕定居时期，这里开始出现有组织的城市聚落。聚落周围建有防御墙以及圆形的碉楼，住房多用烧制的陶砖砌建，室内地面使用灰泥铺就，平整光洁，房屋的整体平面多呈圆形。从出土的人物头像雕塑来看，当时已经形成了一定的宗教观念。

材料上主要采用泥砖结构是西亚原始建筑的特点，比较有代表性的是土耳其发现的遗址—— 加泰土丘（约公元前 6700—公元前 5700 年）（图 2），遗址聚落的房屋均用泥砖和木头砌建而成，密集地簇拥成一片，高低错落的平屋顶以木梯相互串联，形成原始社会时期原始社区的公共活动空间。

2. 西欧原始建筑

在西欧地区，巨石建筑成为原始建筑的主流。经过设计的巨石建筑可以分为两类，一类被认为是当时的陵墓或者神庙；另一类为石圈、石阵或者独立巨石。作为神庙的巨石建筑，以地中海的马耳他哈扎依姆神庙（图 3）最为著名，是目前最早的独立石构建筑；陵墓建筑则以爱尔兰都柏林北的纽格兰奇石墓最具特点（图 4）。纽格兰奇石墓距今有 5000 多年，是一座长廊式墓室，外形呈现为中心凸起、覆盖着青草的圆形大土堆，周边有石块围合，石与石之间没有进行黏合。墓室门洞上方有一道小长方形的“窗口”，是唯一的通光口，一年中，只有在冬季阳光才可以照射进入墓室。英格兰西南部索尔兹伯里平原上的石头巨阵（图 5），距今有 4000 多年的历史，占地约 11 公顷，主要是由块状的蓝砂岩构成。石柱排成圆形，有的横架在两根竖直的石柱上。巨石阵的外围是环形土沟与土岗，内侧紧挨着的是 56 个圆形坑，环石中心的一块区域（图 6），类似一个进行巫术礼仪活动的祭坛。石柱与石柱之间有很大的空隙，里外均是圆形的围合，如同一个庞大的露天广场。

❷ 土耳其，加泰土丘建筑群复原图

❸ 地中海，马耳他哈扎依姆神庙，新石器时代

❹ 爱尔兰，纽格兰奇石墓，新石器时代

❺ 英格兰西南部，索尔兹伯里平原，巨石阵鸟瞰图，新石器时代

❻ 英格兰西南部，索尔兹伯里平原，巨石阵，新石器时代

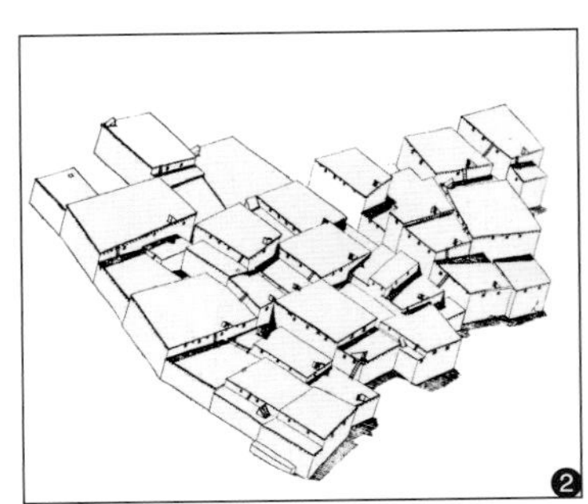

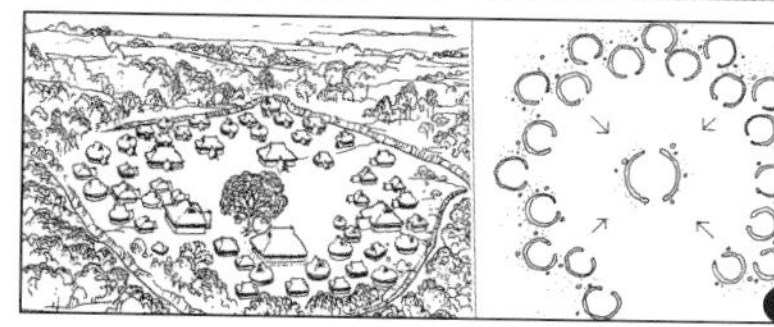

❼ 陕西省西安市，半坡遗址复原图，旧石器时代中后期

❽ 土耳其，加泰土丘聚落复原图，新石器时代

❾ 土耳其，加泰土丘室内复原图 ，新石器时代

3. 中国原始建筑

在中国北方，由于环境条件的约束，原始建筑类型以穴居为主，到仰韶文化早期出现半穴居形式，在中晚期开始向地面发展，逐渐形成以木结构为基础建筑架构的传统建筑雏形。在由若干单体建筑组成的聚落布局中出现了向心排列的趋向，陕西西安半坡遗址（图 7）中的居住区整体布局以一所大房子为中心，按照一定的规律分布，周围由若干小房子围绕，小房子的门多朝向大房子方向而设，房屋的基本造型大多由圆形和方形的几何形体构成，体现出环境布局中以集体意识为主的特点。

总的来说，中外原始建筑发展各有不同，中国以木构建筑为主，而西方与西亚以砖石建筑为主导。中西方建筑都有其不同的宗教信仰内涵，中国以自然崇拜为主，依附于山河而建，追求天人合一；西方则拥有自己不同的宗教圣灵信仰，建筑形式相对宏伟壮观，体现对神的膜拜与崇敬。

小贴士

半坡遗址：位于陕西省西安市东郊灞桥区河东岸，是黄河流域一处典型的原始社会母系氏族公社村落遗址，属新石器时代仰韶文化，距今6000年以上。是黄河流域规模最大、保存最完整的原始社会村落遗址。

土坯：是指在模型里制成的方形粘土块，可以用来盘灶、盘炕、砌墙。一般都是将地面黑土挖去 2 米深左右，露出黄土，将黄土用水泡散，加入稻草或者各种毛发等，拌匀以后装在用木板制成的模具里，在阳光充足的地方晾晒，干透即为成品。

三、室内设计发展

1. 西亚地区

西亚原始人类由于掌握了土坯材料的运用，在一定程度上提高了房屋的坚固性和安全性，推进了城市聚落的发展。土耳其的加泰土丘（图 8），由多座方形的土坯房簇拥而形成聚落，聚居区没有缝隙和过道，各房屋也没有门，进出要通过房顶的孔洞，由木梯拾级而下。其内部空间在功能分区上，一部分用于居住，一部分用于宗教活动。功能不同的内部空间均有相配套的室内用品与装饰。在用作居住的房间中，发现了一系列生活用品：灰泥质地的固定式卧榻，黑曜石古镜，木或柳条编制的器皿，另外还有小块编织毯。在神庙中，发现了与图腾崇拜或巫术礼仪相关的陈设（图 9），用于祭祀的动物头骨、表现狩猎场面的壁画等。这表明西亚原始人类已开始有意识地围绕生活用品、基本的家具器皿、地毯、原始壁画等内容进行室内环境的简单陈设装饰。

2. 西欧地区

哈扎伊姆神庙（图 10、图 11）是西欧的巨石建筑代表之一，建于 5000 多年前。传说哈扎伊姆是“大石头”的意思，因神庙中有一块状似烟囱的大石头而得名。神庙有很多门，均由完整的大石头搭成，石上有雕刻和一些古代的书写符号。哈扎伊姆神庙的特点之一是有一些小祭坛，由雕刻石头构成，室内划分了许多凹室，各凹室之间有围墙相隔，空间大小随着功能作用而不同，由两侧门道进入神庙大厅。

哈扎伊姆神庙有门洞通往弧形的凹室，另有两个大石盆可能用于焚香或者盛放献祭的牲畜。献祭用的祭坛位于通道的两侧，通道旁设有石头台阶。从室内布局来看，原始人类已认识到多空间的组合关系，利用通道连接各个单体空间，强调了室内空间功能的作用。

位于爱尔兰首都附近的纽格兰奇古墓（图 12、图 13），是西欧古老的史前遗迹。墓穴中的空间布局带有强烈的宗教功能，以通道连接不同的空间，内部空间感强，并且通过精准计算冬至日太阳照射入墓穴的角度来建造入口形态，说明当地原始人已经有意识地关注室内光线的利用。墓区的石头，有单独或成组出现的螺旋纹，旋转方向不一，空间装饰感强烈。

⑩ 马耳他岛，哈扎伊姆神庙门洞实景，新石器时代

⑪ 马耳他岛，哈扎伊姆神庙鸟瞰图，新石器时代

⑫ 爱尔兰，纽格兰奇古墓入口的石头纹样，新石器时代

⑬ 爱尔兰，纽格兰奇墓室内部结构，新石器时代

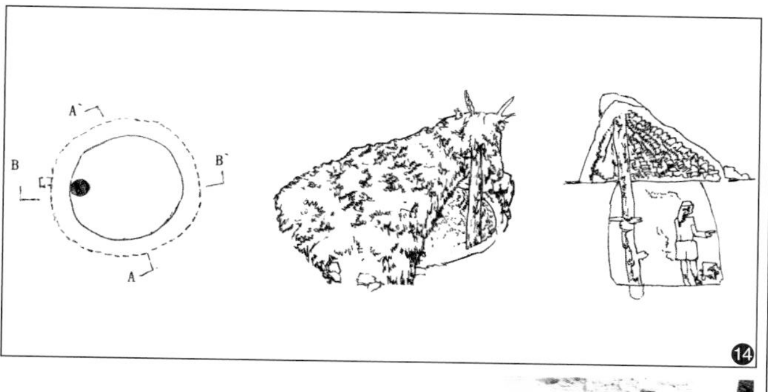

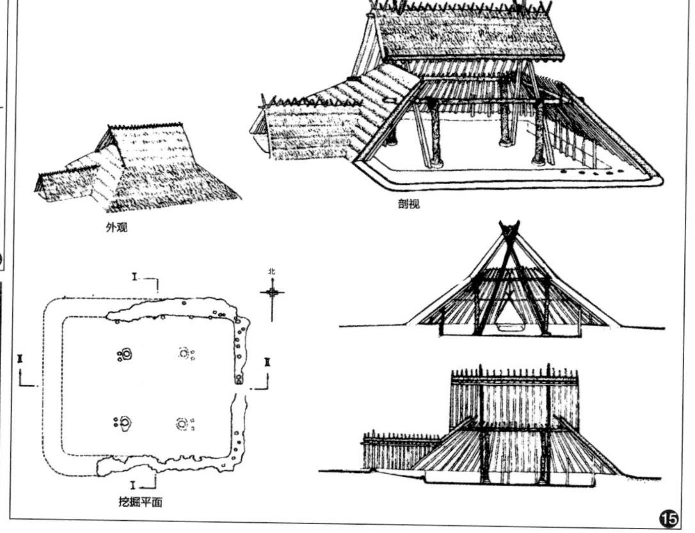

⓮ 河南偃师县，汤泉沟遗址复原图，旧石器时代中晚期

⓯ 方形半穴居复原图，新石器时代

⓰ 方形半穴居挖掘地面图，半坡遗址

3. 中国南、北地区

陕西西安半坡村遗址分为居住、制陶、墓葬三个区，居住区是村落的主体。从发掘的房屋遗迹来看，半坡人的住房有圆形，也有方形。房屋采用了木骨涂泥的构筑方法，其建筑布局方式为：门前有雨棚，恰似“堂”的雏形，再向屋内发展，形成了后进式的“明间”；门口左右的隔墙分隔出两个“次间”，为“一明两暗”的格局，横向观察，又将隔室与室内分为前后两部分，形成“前堂后室”的布局。

竖穴（袋穴），穴上使用树枝、茅草等搭建顶棚构成实用的空间，用作居住或者储藏。在河南偃师县汤泉沟遗址（图 14），穴内用柱子支撑着上部顶棚，柱子同时可用作简易木梯以供人们出入，屋顶面则用植物茎叶铺装。室内构成单一，衣食住都在一个空间内，里面设有圆形火坑。竖穴地处深坑，防火防潮问题亟待解决，原始人在墙面和地面涂抹白灰使空间保持干燥，内部空间功能明确。

半穴居分上、下两部分，下部空间为挖掘的地坑，上部应用一定的建筑材料围合四壁及顶棚形成封闭空间。仰韶文化半坡遗址建筑（如图 15、图 16）穴底内部中间并列两个柱洞，门道两侧各有一个柱洞，是支撑顶盖的支柱遗迹。穴居内部设有火塘，门口到室内有一条门道，起到遮风挡雨的作用。门口内侧两边有隔墙，将室内空间划分成明间和暗间两部分，“前堂后室”的雏形形成，对以后中国传统建筑及室内布局的发展起到了重要的作用。除此之外，房屋中的土质地面有人工夯实的痕迹，有的土质地面经过火烤后发生陶化，形成硬土层，也有铺设木材、芦苇作为地面防水层的做法。

仰韶文化晚期，在个别住居实例中显示出了分间的现象，逐步有了“墙体”和“屋盖”的区分，内部空间也相对宽敞、高大。半坡遗址中（图 17、图 18），方形平面上四周均有大小不一的柱洞，内部空间初步形成了分间的概念，其结构形成了以间架为单位的“墙倒屋不倒”的中国古代木构架体系建筑雏形。传统土木混合的墙体结构主要是用藤或草绳绑扎木柱，使其构成墙壁骨架，然后在骨架的内外侧涂满草筋泥，再掺入些细泥沙使墙壁光洁平整，这种技术一直影响着我国古代传统建筑的发展。此外，地面建筑相比之前的半穴居还舍去了门道雨棚，并逐渐有了“门”的概念。

仰韶文化时期，除了一般居住的小房子外，还有一种“大房子”公共建筑（图19）。西安半坡遗址的“大房子”内部有隔墙，分隔为一个前部大空间与后方三个小空间。“大房子”兼有居住功能和公共活动功能，其前部大空间可作为氏族人员聚会或者举行仪式的场所，后部三个小空间用于生活起居。“大房子”坐落于聚落的中心，反映了母系氏族时期的社会结构模式。

距今 7000 年左右，在位于长江流域下游的浙江河姆渡村遗址（图 20），出现了下部架空、以密集的桩木承重的木结构建筑，为长江流域的代表性建筑物，被称为干阑式建筑。房屋依山而建，背山面水布置，地势低洼潮湿，以木桩为基础，其上架设大、小梁承托地板，构成架空的建筑基座，上部立柱架梁，外围还有一些用小木桩围合起来的栅栏用于畜养家禽。遗址内发现了大量的木构件（图21），分为圆木、桩木、地板三类，均有榫卯节点设计，这种榫卯结构说明当时建筑技术已有很大进步，并对后世我国传统木建筑发展起着深远的影响。

总的来说，中西原始社会均出现了聚落形式布局，随着社会结构的变化，初步产生了城市空间组织的观念。室内的空间布局上出现了简单的功能分区，人们懂得使用烧烤技术和抹白灰的方式涂墙和地面，白墙不但使室内变得更明亮，还能起到装饰的作用，更有助于防火防潮问题的解决。

小贴士

榫卯：中国古代建筑、家具及其他器械的主要结构方式，是在两个构件上采用凹凸部位相结合的一种连接办法。凸出部分叫榫（或叫榫头），凹进部分叫卯（或叫榫眼、榫槽）。中国的木建筑构架一般包括柱、梁、枋、桁檩、斗拱、椽子、望板等基本构件。这些构件相互独立，需要用一定的方式连接起来才能组成房屋，一般使用榫卯连接。

⑰ 陕西西安半坡遗址，地面建筑复原图，新石器时代

⑱ 圆形地面建筑挖掘图

⑲ 陕西西安半坡遗址 F1，“大房子”挖掘地面图

⑳ 浙江河姆渡村遗址，干阑式建筑复原图

㉑ 榫卯结构图

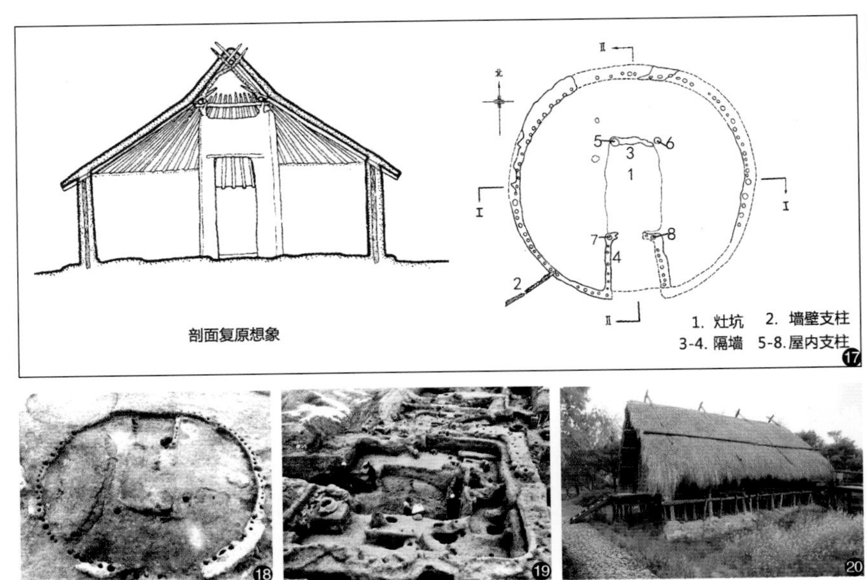

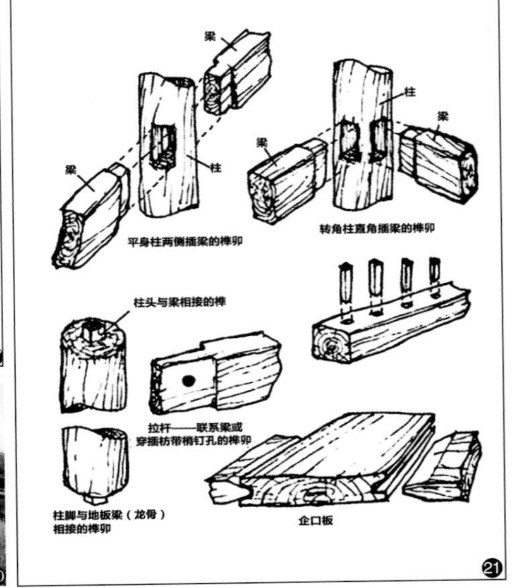

㉒ 法国，拉斯科洞穴，旧石器时代
㉓ 西班牙，阿尔塔米拉洞穴，旧石器时代
㉔ 内蒙古阴山，洞窟岩画
㉕ 广西宁明县，洞窟岩画

四、室内陈设艺术发展

原始社会早期已经有了简单的室内装饰，如祭祀建筑中，辽宁建平牛河梁女神庙内的墙面已经开始用施彩画和做线脚的方式进行室内装饰，彩绘图案以黑、红、白色交错绘成，为三角形几何纹和勾连纹。

1. 洞穴壁画

洞穴壁画可以说是原始社会时期最早的室内装饰形式，比较著名的有法国的拉斯科洞穴（图 22）和西班牙的阿尔塔米拉洞穴（图 23），国内则有原始岩画。拉斯科洞穴内部为三部分：前洞、后洞和边洞。前洞类似一个大厅，与后洞以一条长达 18 米的走廊相连，西侧还有另一条走廊衔接着边洞。前洞壁画主要是几头大公牛的形象，是在覆盖其他形象的基础上绘画的，包括走廊以及后洞都有岩画，或绘或刻，层层叠叠，密密麻麻，属于单纯的线刻或者涂绘。壁画上所描绘的动物形象生动逼真，如野牛、野马、野猪，这些壁画主要用红、黄、黑等色绘制而成。从画迹来看，这些壁画勾线再涂色，原料是矿物质、炭灰、动物血和土壤，再掺和动物的油脂。

原始人利用矿石原材料固有的颜色在穴壁上绘图，以简单的笔法和准确的动物形态勾勒作为物证，这些绘画富有原始气息和浓重的装饰效果，具有很高的历史和艺术价值，证明了史前人类对室内装饰艺术的起源有着巨大的贡献。

阿尔塔米拉洞：位于西班牙坎塔布利亚自治区的桑蒂利亚纳·德耳马尔附近，是史前人类活动遗址。这些岩洞在距今 11000—17000 年前已有人居住，一直延续至欧洲旧石器文化时期。洞窟包括主洞和侧洞，绘画大多分布在侧洞，即有名的“公牛大厅”，是旧石器时代晚期人类发展史上最具代表性的艺术瑰宝。

2. 岩画

我国南方岩画的创作年代在总体上要晚于北方，北方岩画多创作在旧石器时代，南方岩画多为青铜时代之后出现的。北方岩画主要代表是内蒙古的阴山岩画（图24），南方则以广西宁明县岩画（图25）为代表。南北岩画在风格上或技术手段上有着本质的差别，北方岩画内容以动物题材为主，而南方则以人物题材居多；绘画技术上，北方多用划刻、岩雕的表现手法，南方多以岩绘，用赤矿石当颜料，以涂或线描的形式表现。这些神秘的壁画里面不排除有宗教意义的目的，在生存环境下，起到了点缀渲染环境气氛的效果，证明了在远古时期人类装饰艺术的诞生，生活与艺术并存的现象从原始社会时期起就存在并一直延续到现在。

3. 原始家具

史前时期，中国出现得最早、最原始的坐卧类家具是“席”。旧石器时代用于坐卧的毛皮、草垫等是席的最原始形态，经过手工制作的席，则是纺织和缝纫技术发展的产物，如中国河姆渡遗址的苇编残片（图 26）。编织技术的出现大约从旧石器时代晚期开始，编织席的成熟形态在新石器时代早期已经形成。

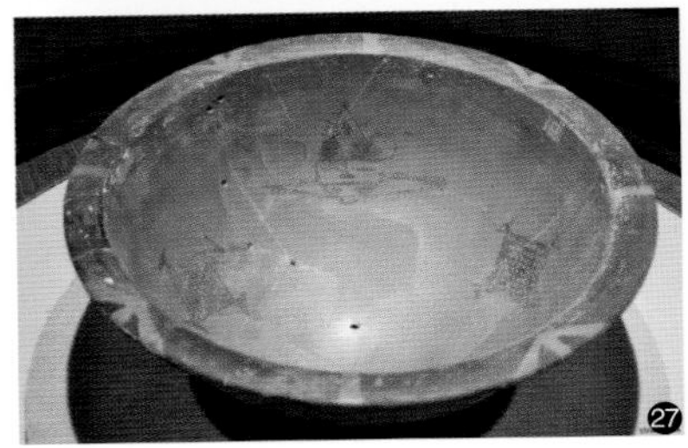

4. 原始陶器

新石器时代，陶器成了原始人类日常生活中的主要用品。早期的陶器为手工制作，火温低，颜色不均，厚薄不一，质地松脆，器形不整，纹饰也不多；中期陶器的器形逐步丰富起来，艺术性也逐步提高。已发现的原始时期陶器中，最著名的是彩陶和黑陶，卷唇圆底盆（图 27）是现存较完整的彩陶制品。

总的来说，原始社会时期室内陈设发展与史前洞穴壁画和岩画息息相关，包括同时期室内出现的各种原始器具，其表面的纹样装饰与史前洞穴有很多类似的部分，表明人类装饰艺术起源于史前的原始社会。

㉖ 河姆渡遗址，苇编残片

㉗ 陕西省西安市，半坡出土的卷唇圆底盆

课堂思考

1. 分析中外原始社会时期在建筑发展过程中的差异。
2. 为什么说原始社会室内陈设的发展与史前洞穴壁画和岩画息息相关？
3. 陕西西安半坡遗址中半穴居建筑的室内构造有什么特点？

Chapter 2

奴隶社会时期

学习目标

通过对两河流域、古埃及和夏商周时期建筑及室内设计发展的学习，进一步了解世界三大文明发源地建筑与环境艺术发展的差异性；理解建筑技术的发展推动人类历史进步，室内装饰的变化推动人类审美提高的发展规律。

学习重点

1. 了解古埃及金字塔形制的演变以及石构建筑装饰的变化特点。
2. 了解古巴比伦空中花园建筑及室内环境的装饰特色。
3. 了解中国传统建筑宫殿、院落以及室内家具陈设的演变进程。

自公元前 3500 年起，两河流域先后出现了许多奴隶制国家，直到公元前 538 年被波斯帝国统治为止，这一地区的历史大致分为苏美尔－阿卡德时期（公元前 3500—公元前 2000 年）、古巴比伦时期（公元前 1900—公元前 1600 年）、亚述时期（公元前 1000—公元前 612 年）、新巴比伦时期（公元前 612—公元前 539 年）。在尼罗河流域繁衍生息的埃及则分为古王国时期（公元前 2686—公元前 2181 年）、中王国时期（公元前 2040—公元前 1786 年）、新王国时期（公元前 1553—公元前 1085 年）。中华文明在奴隶社会分为夏（公元前 2070—公元前 1600 年）、商（公元前 1600—公元前 1046 年）、西周（公元前 1046—公元前 771 年）时期。

一、概述

奴隶社会指的是阶级社会发展的初级阶段，城市的出现，使奴隶社会得以存在并发展。恩格斯认为，奴隶制使大规模分工得以实现，这才有了建造大型建筑的可能。

1. 两河流域

在两河流域奴隶社会时期，古西亚人发展了属于自己文明特色的建筑及艺术形式，出现了苏美尔、亚述、新巴比伦、波斯等王国的古西亚文明。战争使得各个部族的文明趋于融合，在建筑上出现了空中花园、萨良二世王宫；在法律上有汉谟拉比法典；壁画成就有亚述浮雕等，这些文化形态对欧洲古典时期建筑和环境艺术的发展有着深远的影响。

2. 古埃及

在非洲尼罗河附近，衍生出了神秘的古埃及文明。从古王国时期、中王国时期到新王国时期，古埃及人在几何、医学、建筑、天文、数学、绘画等领域有着很高的成就，建筑方面有宏伟的金字塔，美术方面则有装饰艳丽的人物壁画等。

3. 中国奴隶社会

在中国，奴隶社会指夏、商、西周时期，井田制的出现使奴隶社会逐渐走向瓦解与消亡。夏朝开始出现监狱、宫殿等大规模的建筑；商朝的冶炼技术迅猛发展，激发了生产力，出现了更多便于工匠进行建造活动的工具；周人营造房屋宫殿的行为则深受周朝严谨的礼乐文化影响。夏商周的建筑与室内环境艺术为其后的中国传统建筑文化的传承与发展起到奠基的作用。

二、建筑发展概况

1. 两河流域

两河流域的古西亚，民族众多、纷争不断，从另一方面来看，战争也起到了促进文化交融的作用。西亚地区少木材、多土层，促成了夯土技术和土坯砖的发明。古西亚人利用晒制的土砖或烧砖建造房屋，进而创造了拱、券和穹隆结构形式。

苏美尔时期建立了最早的奴隶制城邦国家（乌鲁克），主要建筑物包括宫殿、山岳台、庙宇等。其后汉谟拉比统一两河流域，建立君主集权国家，统治中心为两河流域下游，建都巴比伦。这一阶段的主要建筑活动包括宫殿、庙宇、山岳台（图28）以及巴比伦城市建设等。

亚述帝国时期，统治中心为两河的上游。亚述统一西亚、征服埃及以后，开始兴建都城，大量汲取了两河下游和埃及的建筑建造经验。萨尔贡王宫是最重要的建筑遗迹之一，宫殿和神庙结合成一体，以中轴线为界，分为公开殿堂和内室两个部分，中间保持着一个露天庭院。其建筑特点是采用黏土砖、琉璃砖和木结构，室内装饰豪华艳丽，有大量壁画、浮雕。

新巴比伦时期，迦太基人于公元前7世纪征服亚述，重建巴比伦王国。新巴比伦有辉煌的城市建设和空中花园，但因年代久远，没能留下遗址实证，只能从一些书面记录上推断当时的建筑面貌。

波斯时期的建筑则是融合了各个地区的建筑风格。伊朗高原盛产硬质彩色石灰岩，再加上气候干燥炎热，建筑多为石梁柱结构，外有敞廊。代表建筑有气势

㉘ 乌鲁克，乌鲁克白庙，约公元前2300—公元前3100年

㉙ 波斯，伯斯利斯宫，公元前518—公元前460年

恢宏的伯斯利斯宫殿群（图 29），建筑风格汲取了埃及、希腊、亚述建筑的形制，体现出了三地建筑形式的综合特征。

2. 古埃及

古老的尼罗河抚育出古埃及文明。各时期的统治者都坚信灵魂不灭，能死后往生，实现统治之后，便立即开始修建自己的陵墓。埃及地区有大量的石头，构成了古埃及石制建筑发展的基础条件。

古王国时期的主要建筑类型是金字塔陵墓。建筑形态的变化从一开始的阶梯式建筑“玛斯塔巴”（图 30）发展到由下至上的折线形建筑，再到后来的大体量角锥式金字塔。此时著名的建筑有胡夫金字塔、狮身人面像、吉萨尔建筑群等。

中王国时期，随着城市中心的迁移，受地形限制，古埃及人放弃了修建金字塔而改为石窟陵墓形式。在曼都赫特普三世墓中，建造工匠重新考量了内部空间和外部形象，开创了新的建筑形制（图 31）。

新王国时期，古埃及人由信仰死神荷鲁斯转为信仰太阳神阿蒙，神庙建筑成为主流。这一时期有卡纳克阿蒙神庙和鲁索克神庙，在建筑以及空间意识上，较之以往的改变是更倾向室内空间仪式感的营造。为防止盗墓，法老们把自己的陵墓建造在悬崖深处简陋的墓室中，把精力用于城市中心的神庙建造，使其规模更加宏大，设计更加精妙。

3. 中国奴隶社会时期

中国的夏朝已经出现了监狱、宫殿等建筑，但形制简单，营造手段未能与原始时期拉开距离。河南偃师二里头遗址出现了“前朝后寝”的雏形，说明夏朝的建筑空间与秩序得到了原始时期的启蒙。

在城市布局方面，《吴越春秋》中“鲧筑城以卫君，造郭以守民”的表述，确立了城与郭的不同功能，不再以氏族血缘关系进行聚居，而从实际功能出发进行规划。建筑形制日益丰富，有宫殿、苑囿、陵墓，主要遗址有湖北黄陂黄龙城遗址、河南郑州市商城遗址、陕西扶风召陈遗址（图 32）等。

周朝的礼乐文化达到一定高度，发展出了宫殿与礼制建筑，并成为后世宫殿建筑的范本。

小贴士

玛斯塔巴：金字塔的原形，建于埃及第三王朝（约公元前 28 世纪）。最初在埃及，墓葬是很简陋的，但是后来有了贫富分化，法老们开始建造属于自己的、规模较大的、有地上建筑结构的陵墓，这便是玛斯塔巴，后来逐步发展成为金字塔形态。玛斯塔巴是后来阿拉伯人对它的称呼，意思是“凳子”。

㉚ 埃及，玛斯塔巴，约公元前 3200 年

㉛ 底比斯，曼都赫特普三世墓，约公元前 2000 年

㉜ 陕西，陕西扶风召陈遗址复原图，约公元前 1600—公元前 1046 年

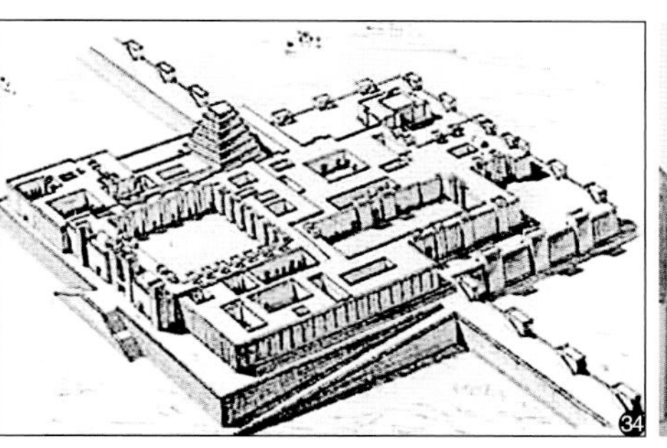

㉝ 乌鲁克，乌鲁克白庙，约公元前 3200—公元前 3100 年

㉞ 伊拉克，萨尔贡二世王宫复原图，公元前 722—公元前 705 年

㉟ 伊拉克，人首翼牛兽，公元前 722—公元前 705 年

从建筑结构体系看，中国奴隶社会在极低的生产水平下，完成了木结构体系的创新，成为世界主要建筑体系（木、石、生土）之一，同时也掌握了筑城与修筑高台的方法。奴隶制社会是宗教和宗法制度控制的社会，与同时期的古西亚和古埃及的建筑不同，中国建筑所体现的是等级森严。从建筑材料和技术看，中国奴隶社会木工技术已达到很高水平，瓦的发明是西周在建筑上的突出成就。营造法式从“茅茨土阶”进入到比较高级的阶段，但地面仍没有使用砖，没有脱离原始状态。

三、室内设计发展

1. 古西亚时期

古西亚的建筑材料大多采用土坯砖（图 33）。在“乌尔”的遗址，发现住宅的中庭院落由数间长方形的房间环绕，也有使用土坯砖所制成的拱券。而著名的乌鲁克城的“白庙”则是在此形式基础上扩大化后的建筑。

在乌鲁克城中的白庙，墙体厚实，辅以垂直的壁柱用以巩固脆薄的土砖墙。内空间无明显的纵向轴线，平面布局相对自由。壁柱上有黑、红、白三色，纹饰着方块形和曲折形的图案。

萨尔贡二世的王宫建在筑有坡道与阶梯的平台之上（图 34），从地面通过宽阔的坡道和台阶可达宫门，宫殿由 30 多个内院组成，功能分区明确。院子在形制上并非单一的纵深轴线，而是多向入口，空间关系复杂。由院落组织联系各部分空间，无明显贯穿统一的轴线，以塔楼和院落尺寸大小来强调重点，整体布局安排得错落有致。平台的外侧有厚重的装饰石板贴面，平台的下面砌有拱券沟渠，设有一套复杂的陶砖排水系统。王宫最大的院落约有 8000 平方米，靠近角落的地方有一个门道通向第二个长方形的院子，宝座大厅设在此处，入口两侧安放着人首翼牛或人面狮身兽的大型雕刻（图 35）。王宫正面的一对塔楼突出了中央的券形入口。宫墙满贴彩色琉璃面砖，上部有雉堞，下部有 3 米多高的石板贴面。大门处的一对人首翼牛像高约 3.8 米，正面圆雕有两条腿，侧面浮雕有四条腿，转角一条腿在两面共用，一共五条腿，显得神秘而庄重。在宫殿的室内，主要装饰是铬黄色的釉面砖壁画，高达 2 米多的雪花石膏板上用浅浮雕描绘着历

小贴士

茅茨土阶：古代的一种建筑构造形式。茅茨就是只用茅草做的屋顶，在古代人们还没有掌握用木材建造房屋的时候就用茅草堆砌成屋顶。土阶就是把素土夯实形成高台，把建筑建造在上面。

代帝王，其人物造型与埃及绘画有异曲同工之妙。

在新巴比伦时期出现了“空中花园”（图 36）。空中花园总周长 500 多米，采用立体造园方法，建于较高的平台之上，用石柱和石板一层层向上堆砌，共分上中下三层，每层都用大石柱支撑，盖有殿阁（图 37）。据希罗多德描绘，“空中花园”实为退台式建筑，集居住与园林功能于一身，台层均以石砌拱廊支撑，拱廊下布置成各类精致的房间。台层上除建筑外均覆盖着土，用来种植花草树木，每层均有人力机械和自流系统灌溉。这座拱廊建筑不仅有多处水井，还有灌溉系统，保持草木的葱郁。

游行大街以西、伊什达尔庙西南方是主要宫殿区，即尼布甲尼撒二世的南宫，由五个院落组成。城中心是马尔杜克神神庙和塔庙。

新巴比伦城的城墙有两种，以泥砖或砖砌成，城墙拐角处有塔楼，其中外墙最宽处有 7.1 米，城的正门是伊什达尔门（图 38），高 12 米，是为献给女神伊什达尔而建，被希腊人称为是世界七大奇观之一。伊什达尔门和大街两侧均装饰有横向排列的彩釉动物浮雕。进正门是南北向的游行大街，街道以石或砖铺筑。大门装饰着彩色琉璃砖砌成的黄龙与公牛的浮雕图样，色调以蓝色为主。在柏林国家博物馆中可以见到经复原的伊什达尔门的面貌，可以看出在新巴比伦王国时期，琉璃砖取代沥青和贝壳成为重要饰面材料（图 39）。

伯斯利斯宫（图 40）是波斯王大流士和泽尔士所造的宫殿。伯斯利斯宫依山建于高 12 米的巨大平台上，划分成三个区域，北部由接待厅和百柱厅两个仪典大厅组成。东南部是财库，西南部是后宫，三者之间以一个“三门厅”作为枢纽，布局整齐但无轴线关系。仪典大厅的石柱修长，雕刻精致，艺术水平

小贴士

空中花园：又称悬苑，是世界七大奇观之一。传说是在公元前 6 世纪由巴比伦王国的尼布甲尼撒二世在巴比伦城为其患思乡病的王妃安美依迪丝修建的，现已不存。据说空中花园采用立体造园手法，将花园放在四层平台之上，有灌溉系统。园中种植各种花草树木，远看犹如花园悬在半空中，由此得名空中花园。

36 巴比伦，空中花园复原图，公元前 600 年
37 巴比伦，空中花园复原图，公元前 600 年
38 巴比伦，伊什达尔门，公元前 600 年
39 巴比伦，琉璃砖马，公元前 600 年
40 波斯，伯斯利斯宫，公元前 518—公元前 460 年
41 波斯，伯斯利斯宫，公元前 518—公元前 460 年

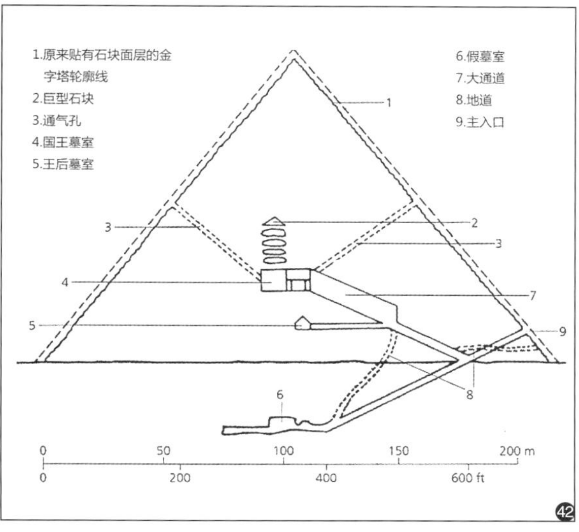

很高（图 41）。

宫殿的墙是土坯砌造的，表面贴上了黑白大理石或彩色琉璃砖，饰以浮雕。大厅内部布满鲜艳的壁画。柱子更是华贵，柱础是覆钵形，刻着花瓣，柱身上刻着凹槽，柱头上雕刻着覆钟、仰钵、涡卷和一对雄牛，极其精巧。

波斯人发明了以土作为基本原料的装饰方法，后来又创造出用来保护和装饰墙面的面砖和彩色琉璃瓦，并以沥青、陶钉、石板贴面，使材料、结构与造型有机结合，这种绚丽的平面图案装饰对后来的拜占庭和伊斯兰建筑装饰影响很大。

2. 古埃及时期

42 埃及，胡夫金字塔剖面图，公元前 2580—前 2560 年

43 埃及，金字塔室内空间壁画，公元前 2500 年

44 底比斯，曼都赫特普三世墓围柱，公元前 2000 年

45 底比斯，曼都赫特普三世墓，公元前 2000 年

在古王国时期，主要的建筑成就是金字塔（图 42），作为法老通往永生的场所，金字塔的上方开有气孔，有防止盗墓者入侵的假墓室，通道幽暗且神秘。三角锥体的构造依靠环境的衬托和空间序列的处理来强调主体建筑外观的视觉冲击力。金字塔的室内空间采用雕刻和壁画来进一步渲染纪念的氛围（图 43），并符合陵墓建筑要求的防护性。

中王国时期，统治阶级放弃了金字塔的建造，取而代之的是石窟陵墓，此时埃及人的空间意识进一步发展。在曼都赫特普三世墓（图 44）中，祭祀厅堂成为陵墓建筑的主体，结合地形处理，依悬崖而造；在内部空间加强并广泛采用了柱廊形式，以柱式反复渲染气氛的建筑手法日趋完善。敞廊与山岩结合，抛弃了传统金字塔的影响，柱廊比例和谐，庄严而不沉重。

在具体空间的布局上，曼都赫特普三世墓采用了轴线序列布局，利于气氛的营造，适合纪念性建筑的要求，内部空间和外部形象共同发展，开创了新的空间形制。同时在墙体上进行了精妙的雕刻，强调内部空间的象征意义（图 45）。

新王国时期，神庙建筑成为了主流的建筑形式，而其中又以卡纳克神庙和鲁

索克神庙最为著名。

卡纳克阿蒙神庙（图 46）是最大的太阳神庙，始建于中王国时期，后在新王国时期经过多次修缮。神庙总长 366 米，宽 110 米，前后一共建造了六道大门。大殿内部净宽 103 米，进深 52 米，紧密排着 134 根巨柱。牌楼门、神道及广场，氛围隆重，适合宗教仪式。门的样式是高大的梯形，石墙夹着不大的门道，门前有几对皇帝的圆雕坐像和方尖碑，尺度宏大给人以压迫感。

多柱大厅是该神庙的主神殿，厅内有 16 列共 134 根巨柱，柱子和梁枋的壁面有彩色阴刻浮雕，石柱排列如林，中间两排柱子加高，形成高侧窗，窗口有石栅，光线散落在地面上、柱子上，使大殿充满神秘与仪式感，反映了古埃及人对于室内空间的氛围渲染手法有了更深一层的理解（图 47）。

3. 夏、商、周时期

夏、商时期，统治者已经开始有意识地营造宫殿等建筑，并有意使其高大宏伟。商代的甲骨文有许多与当时的建筑相关的字，如“宫”“高”“宗”“宅”等。《论语》云：“卑宫室而尽力乎沟洫。”《史记 · 夏本纪》：“夏作璇室。”汉扬雄《将作大匠箴》中有：“侃侃将作，经构宫室，墙以御风……夏卑宫室，在彼沟池，桀作瑶台，纣为璇室，人力不堪。”由此可见，夏桀时期在建筑上开始追求华丽繁复的设计与装饰。

夏商时期的宫室建筑遗址，以河南偃师县商城宫室遗址、河南郑州市商城宫室遗址、湖北黄陂县盘龙城商代宫室遗址等为代表。

夏、商时期的室内空间，是承袭与发展的关系。此时的统治者已对宫殿等建筑进行精心布局规划，彰显统治权力。迄今发现的最早的廊庑环绕院落式宫殿实例，是河南偃师二里头夏宫遗址，整体布局上形成了在平面上铺展的封闭

㊻开罗，卡纳克神庙，约公元前 3900 年
㊼开罗，卡纳克神庙，约公元前 3900 年

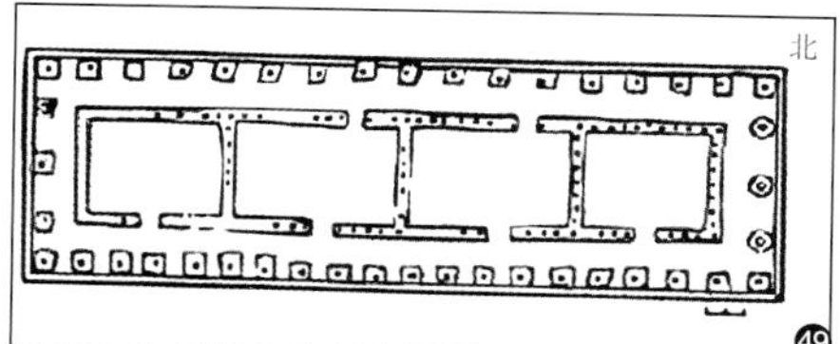

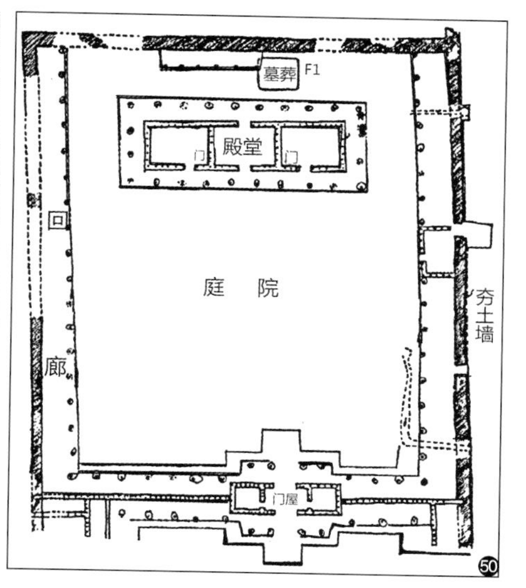

㊽ 河南，河南偃师二里头一号宫复原图，公元前 1750 — 公元前 1500 年

㊾ 武汉，盘龙城宫殿修复图，约公元前 1500 年

㊿ 河南，河南偃师二里头一号宫平面图，公元前 1750 — 公元前 1500 年

式院落雏形，而内部空间形态则完成了“前朝后寝”的功能划分格局，且逐步趋于细致多变。

偃师二里头夏宫遗址（图 48）夯土台残高约 80 厘米，东西约 108 米，南北约 100 米。上有八开间殿堂一座，周围有回廊环绕，南面有门的遗址，反映了我国早期封闭院落（廊院）的面貌。殿堂内列柱整齐，前后左右对应，开间统一，木构技术有了较大的进步。遗址中没有发现瓦件，构筑方式是“茅茨土阶”形态。单体殿屋内部已经出现“前堂后室”的空间划分，并出现了陶制排水管（图 50）。此时的建筑“开间”的概念已经明确，空间分隔已经有了堂、室、旁、夹室的说法，空间功能分区也更加合理。

二里头宫殿的“堂”与“室”，虽有明确的分隔，但仍处于同一建筑中。到了商代，则有了“堂”与“室”分别布置在不同建筑的实例。盘龙城是商代中期南方方国的都城。从发掘资料来看，有三座南北平行布置的殿堂。最北的一座面阔 39.8 米，进深 12.3 米，四周有回廊，整个建筑被隔成四个大间，推断是方国国君和嫔妃的寝殿。按《考工记》的说法，周王宫殿“内有九室，九嫔居之；外有九室，九卿朝焉”，前边的两座应是朝堂。从总体上看，这种布局可以看成是对二里头宫殿的继承和发展，其形制与之后的宫殿布局更为相似。在盘龙城宫殿的布局中，“朝”“寝”已经分离成不同的栋，但栋间关系松散（图 49）。

建筑的实体围合并组织成了下可“辟润湿”，边可“圉风寒”，上可“待风雪雨露”的内部空间，筑高墙以“分内外”“别男女之礼”，建筑的围合实体以及装饰形式、处理手法等均成为了室内界面装饰的主要内容。

夏、商时期的地面开始使用髹漆技术，并通过色彩的搭配以及精美纹饰使得木制构架更为美观。墙面则采用了墐涂、垩等处理手法，防潮保暖，同时也使用了彩绘的壁画，用以装饰。《韩非子 · 十过篇》中有“禹作祭器，墨染其外，而

小贴士

开间： 有两种意思。一是旧式房屋的宽度单位，相当于一根檩的长度（约一丈左右），如常说的单开间、双开间；二是房间的宽度。现在房屋建筑中的开间是指两条相邻山墙轴线之间的距离。为了使房屋建筑标准化，开间的定制尺寸为 2.7 米、3.0 米、3.3 米、3.6 米、3.9 米等，其中常用到的是 3.3 米和 3.6 米两种。

朱画其内”的记载。据《墨子》所记，商代已经采用以锦织物装饰壁面的做法，效果十分华丽。

《考工记 · 匠人营国》内对周朝的建筑营造、空间布局划分也有详尽的记载，且成为了后世建造和规划的范本。陕西扶风召陈村原西周宫室遗址，沿袭了夏商时期在厚夯土台基上建造单体建筑的形制，在施工技术以及建造规模上更进一步发展。同时，随着礼乐制度为统治阶级所推崇，有了礼制建筑的出现。

陕西岐山凤雏遗址（图 51）整个建筑南北长 45 米，东西长 32 米，是我国已知的最早、最严整的四合院实例。平面中轴线上依次排列着影壁、大门、前堂、后室；前堂与后室之间用廊道连接，门、堂、室两侧为长长的厢房，将院落围成封闭空间，院落四周有檐廊环绕；回廊设置合理，不仅有保护墙体的作用，又是必要的交通路径和内外空间的过渡；屋顶已经采用瓦，是迄今所知最早用瓦的建筑，标志着中国建筑开始向瓦屋过渡。

在功能布局方面，分别采用了开敞式空间和封闭式空间，房间比例在 2 ：1 和 1.5 ：1之间，突出了“堂”的地位，“堂”大“室”小，主次分明。此时的建筑差不多都为庭院式布局，庭院是室内空间向室外的延伸与补充，建筑群的规划布局（图 52）为后世所沿用。完全对称的严谨组群，意味着建筑群体布局水平有了重要进展。

西周处理地面的方式沿袭了夏商髹漆的做法，出现了带纹饰的陶制砖和瓦并应用于建筑；地面铺以模印花纹陶砖，用以防潮和装饰；墙体主要有素夯土墙、木骨泥墙、草泥墙等，处理方法是墐涂、垩。地面、墙面都是用细泥掺和砂子、白灰涂饰，一般人家的房屋涂黑色，天子宫殿涂红色，墙面以彩绘做美化，木构件用彩绘、雕刻等进行装饰。

51 陕西，陕西岐山凤雏遗址，约公元前 1046 年

52 陕西，陕西岐山凤雏遗址平面图，约公元前 1046 年

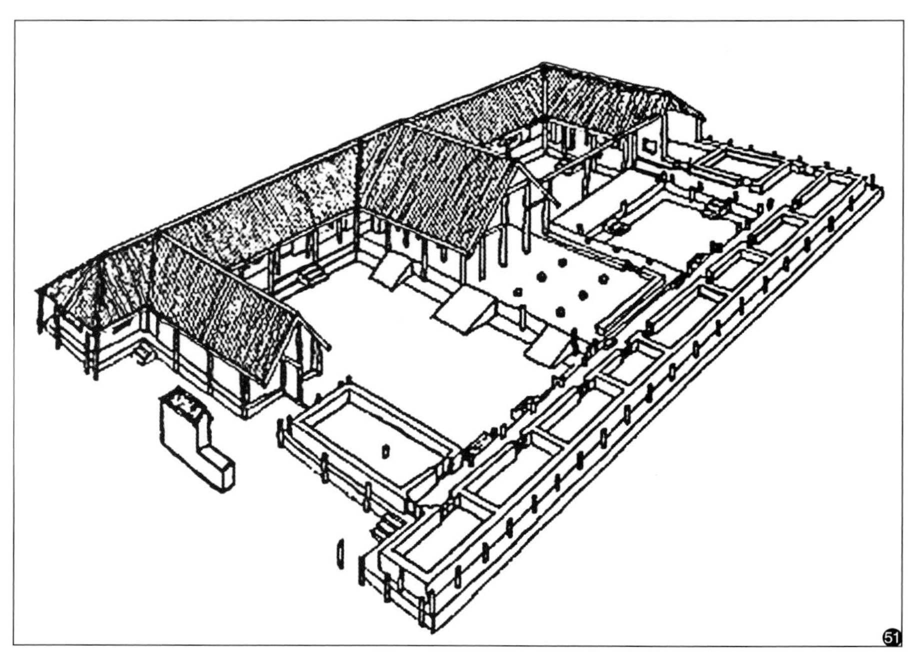

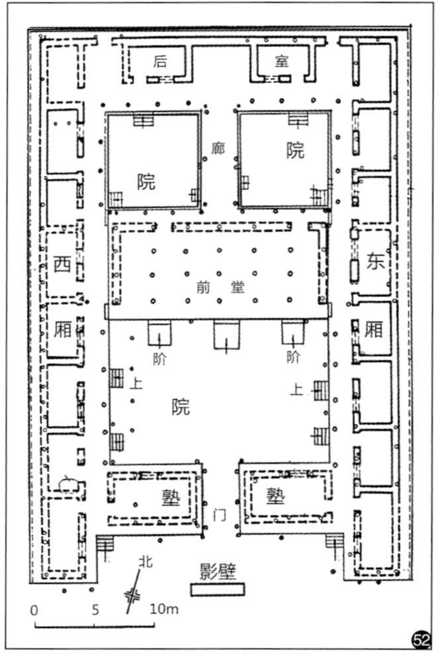

53 伊拉克，雪花石膏雕像，公元前 2600 年

54 埃兰古城，法典碑，公元前 1792—公元前 1750 年

55 伊拉克，亚述浮雕，公元前 722—公元前 705 年

四、室内陈设艺术发展

1. 古西亚家具、雕饰

在古西亚，苏美尔人的家具种类不多，式样单纯。床是他们所重视的主要家具，中等人家的床具做工精雕细镂，嵌以金银象牙，表现出两河流域文化艺术的风格特征：小巧精美、高贵实用，与实际生活密切结合。

雪花石膏雕像是公元前 2600 年出土的神殿家具（图 53）。苏美尔人身着羊毛裙子，坐在圆凳上，凳是用芦苇制成的圆筒状，高 52 厘米，造型简朴。

20 世纪初，在埃兰古城苏萨发现了一块“法典碑”（图 54）。法典碑上太阳神所坐的宝座高耸，设置了脚踏，表现出至高无上的神权。宝座侧面造型是连续的渐变长方形，脚踏侧面造型构成则是并列横向的连续方形，是仿两河流域的建筑风格制作，节奏韵律感强，造型质朴，体现出了古巴比伦时期的家具特点。

从亚述出土的寥寥可数的几件当时统治阶级所使用的家具中，可以看出旋木部件、倒置的宝塔形足、人物像立柱、精致华丽的雕饰，这些都是亚述时期家具的艺术特征。亚述时期，在苏美尔人发明的拱形构架的建筑上，人们采用拱形圆顶和柱式，还发明了女像式柱头以及以涡卷形为装饰的爱奥尼式柱头。之后，这两种柱式曾盛行于波斯及希腊，并传至罗马，遍及欧洲、美洲和世界各地。亚述王宫是用大量的大理石浮雕板来装饰的（图 55），每一座王宫都用高达 2 米多的浮雕来记载历代亚述王的重大事件，按时间先后排列。这些浮雕用写实的手法表现了战争、狩猎等场面，是再现当时生活场景的艺术杰作。

新巴比伦时期家具的柱式浮雕、雕刻镂空的装饰图案以及简朴厚重的旋木腿，既显示出亚述家具文化的影响，又有其自身特色。古西亚与古埃及的东方文化艺术对欧洲诸国的家具文化影响极为深刻，这个时期的镶嵌艺术、浮雕艺术、旋木艺术以及柱式、铭文等，为后期的古希腊、古罗马、文艺复兴、巴洛克、洛可可乃至新古典时期家具的文化艺术、装饰方法奠定了基础。

波斯时期的建筑特征是将诸多外来文化融合在一起，创造出的一种新的波斯风格。最著名的大流士一世的伯斯利斯王宫的迎宾厅，四面有 72 根 21 米高的圆石柱支撑，至今还有 13 根圆柱留在废墟上。圆柱由大理石制作，很像埃及的柱式，柱头是螺旋形花状，柱表面的纹路有 48 条凹槽，吸收了亚细亚爱奥尼柱式的风格，柱础则是埃及棕榈柱式。室内部分圆柱是埃及棕榈式柱头，其上装饰有背与背相接的两头独角兽，作为梁与椽的支拱。

2. 古埃及家具、柱式和壁画

古埃及时期的床（图 56）为矩形构架，式样简单，少有超过 1 米宽的。床腿雕刻成公牛和狮子等动物的形状，也多用花卉、莲花或纸莎草作为装饰。古埃及早期的床有刺穿的孔眼，皮条穿过孔眼，将腿和床捆绑在一起，利用皮条湿软干硬的特点，使床体更加牢固。床垫用亚麻布制作，用稻草填充，枕头则是用木头、铁或象牙等材料做成，整体床具装饰性极强。

古埃及的凳子（图 57）有两种，分可折叠式和固定式。凳子腿多为动物造型，高度不一，也有双人坐的凳子和椅子，用亚麻布或布做成垫子，填充水禽的羽毛，垫子覆盖在椅子的靠背和座板上。

古埃及人完善了大部分的细木工工艺，发明了从榫眼、榫到楔形榫的拼木技能和连接方法，小的不规则的木头被接合到一起，裂缝则塞或缀起来，同时利用薄板和镶嵌技术来包覆，乌木、象牙、彩色玻璃和石头都被用作镶嵌的材料。到第十八王朝时期，随着各种胶粘剂的应用，古埃及人制作出精美的薄板，图坦卡蒙时期的家具表现出了古埃及最好的薄板和镶嵌技术。

古埃及装饰风格的主要涉及元素有古埃及柱式、浮雕和壁画。古埃及的柱式是其建筑设计、室内空间陈设艺术中极富表现力的部分。古埃及的柱式有莲花束茎式、纸草束茎式、纸草盛放式（图 58），在新王国时期的神庙建筑中，其立柱采用高耸的人像石柱，天花板上有神鹰，墙壁和其他建筑构件上则有精美的雕刻或绘画。

(56) 埃及，古埃及的床，约公元前 1500 年

(57) 埃及，土坦克哈曼出土的礼仪宝座，约公元前 1340 年

(58) 埃及，古埃及三大柱式复原图，约公元前 2000 年

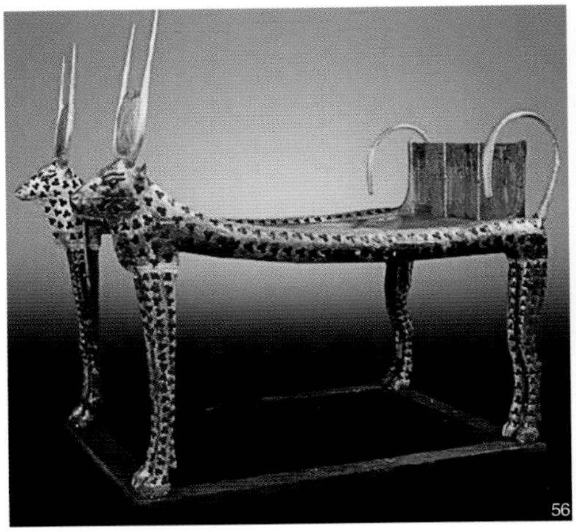
56

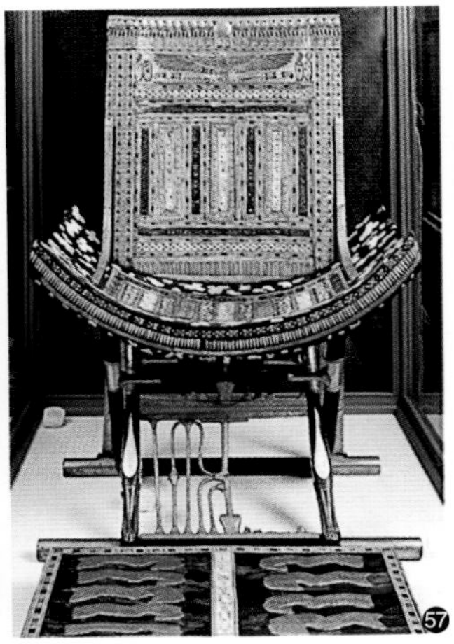
(57)

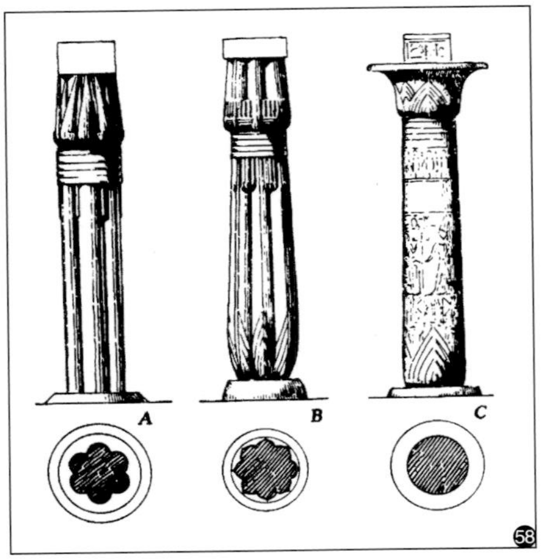

(58)

小贴士

纳米尔石板：古埃及古王国时期的作品，约公元前 3000 年，岩石，高 63.5 厘米。现保存在开罗埃及博物馆。纳米尔面前的鹰是天空之神霍卢斯的象征，也是上埃及的神，鹰爪中紧握的系绳象征着下埃及，意在描述纳米尔的权力压倒其对手的事实。

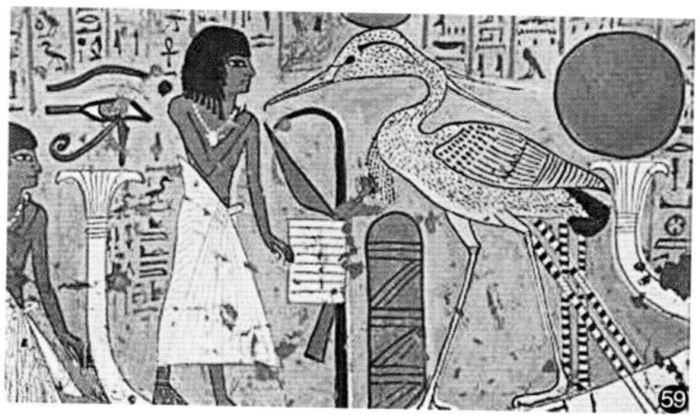

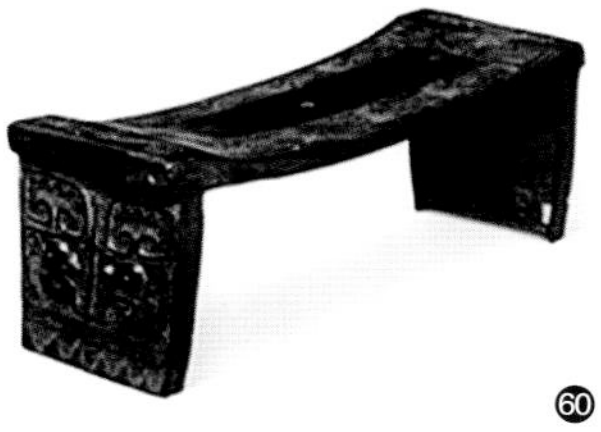

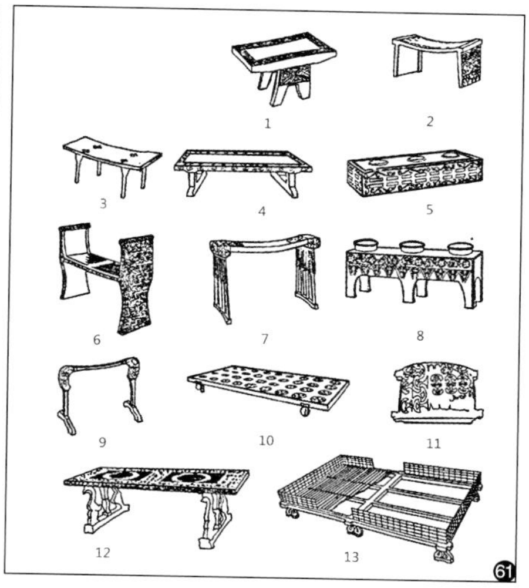

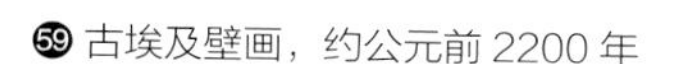

(59) 古埃及壁画，约公元前 2200 年

(60) 青铜俎，约公元前 1046—公元前 771 年

(61) 夏商周家具，约公元前 1600—1046 年
1. 漆俎（河南信阳）2. 铜俎（陕西）3. 铜俎（安徽寿县） 4. 漆案（长沙刘城桥楚墓） 5. 铜禁（陕西宝鸡台周墓） 6. 漆几（随县曾侯乙墓） 7. 雕花几（信阳楚墓） 8. 铜甗 （安阳妇好墓） 9. 漆凭几（长沙楚墓） 10. 彩绘大食案（信阳楚墓）11. 衣箱（随县曾侯乙墓）12. 彩绘书案（随县曾侯乙墓）13. 彩绘大床（信阳楚墓）

古埃及的壁画在室内陈设中有着奇异独特的风格。人物壁画（图 59）的风格特征是：人物姿势保持直立，双臂紧靠躯干，眼和肩为正面，头部及腰以下为正侧面，面部轮廓写实，表情庄严；组合壁画常呈带状排列，用水平线划分；根据人物的尊卑安排比例大小，男子皮肤为褐色，女子为浅褐或淡黄，头发为蓝黑，眼圈描黑，有的眼球用水晶、石英材料镶嵌，以达到逼真的效果；象形文字和图像并用，始终保持绘画的可读性和文字的绘画性这两大特点。

埃及人创造的“纳米尔石板”浮雕，标志着埃及艺术模式的形成。其单纯简练的曲线造型和几何因素在古王国时期已趋于完善，有力的线形塑造、硬直的阳刻线条强调了动势，不再局限于再现形象和场面。

3. 中国奴隶社会时期的家具、装饰纹样

夏朝开始，出现了带有装饰花纹的茵席以及一些低矮型家具。到商朝中期，随着青铜器的快速发展，器物的纹饰也发生了变化，有“三层花”等装饰手段。到西周，则有屏、架等陈设用品出现在室内环境中。

夏商时期是我国古代家具的初始阶段，其造型纹饰原始古拙，质朴浑厚。这一时期家具有青铜家具（图 60）、石质家具（如石俎）和漆木镶嵌家具（如漆木抬盘）。

商代已掌握了成熟的髹漆技术，从一些残片中看到红底黑花，镶嵌有象牙、松石的工具雏形。青铜器由生活用具变成室内的重要装饰品。

这一时期出现的主要家具品种有：俎——几，桌案之始，箱柜之始；席——床榻之始；扆——屏风之始。俎是古时的一种礼器，为祭祀时切牲畜和摆放牲畜所用。席乃坐具，凡是天子、诸侯的朝觐，封国、命侯、祭天、祭祖等重大政治活动，以及日常起居，都要在席上进行（图 61）。在以宗法制为核心的奴隶社会，席的材质、装饰和使用有严格规定，受等级与身份的制约。席的体制分为莞席、

缫席、次席、蒲席、熊席，其中莞席由浅草编成，而熊席为天子专用，以兽皮制成。扆是斧扆（图 62），它以木为框，糊以绛帛，上画斧纹，斧形的近刃处画白色，其余部分画黑色，这是天子名位与权利的象征。

由于当时人们思想意识中存在着浓厚的鬼神观念，商代家具装饰纹样往往有一种庄重、凶猛之感。于 1979 年在辽宁义县花儿楼窖藏出土的饕餮纹俎（图 63），铜质面板为长方形，下为相对的倒凹字形板足，板足饰精致的细雷纹，铃上亦饰有花纹，铜铃制作精巧，其形式为我国青铜器之罕见。商周青铜器的装饰图案以动物为主，但这些动物并非现实生活中的动物，而是超现实的动物描画。

夏、商、周时期，建筑室内环境的陈设品也是围绕礼制等级进行的布置。可以看出中国传统家具中的大部分类型及样式在此时期已基本成型，各类家具及陈设品比较讲究对吉祥图案的运用，制作工艺及色彩配饰也较为讲究。

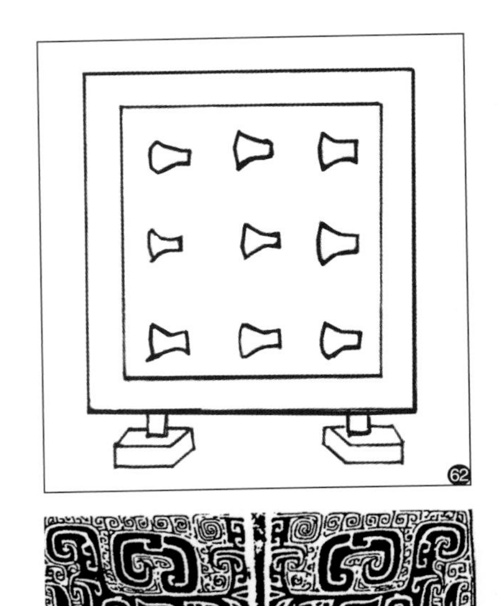

62《三礼图》的扆，约公元前 1600—公元前 1046 年

63 饕餮纹俎，约公元前 1046 年

课堂思考

1. 古巴比伦空中花园的环境设计体现了什么重要特征？
2. 古埃及的柱式及壁画装饰的特点是什么？
3. 夏商周时期中国的家具类型及样式得到了怎样的发展？

Chapter 3

古典时期

学习目标

学习古典时期希腊、罗马和中国的建筑、室内以及室内陈设等方面的历史发展和设计风格特色，了解中外装饰特征差异。

学习重点

1. 了解古希腊、古罗马时期的建筑形式在室内设计中的体现。
2. 了解中国古建筑构架形式对于传统建筑室内装饰的影响。
3. 了解秦汉时期室内灯具的发展特色。

古典时期包括西方的古希腊（公元前800—公元前146年）、古罗马时期（公元前750—公元410年）和中国的春秋战国（公元前770—公元前589年）、秦汉（公元前221—公元220年）时期。这一时期，中外同样都是大一统的时代，都处于建筑的重要奠基时期，建筑技术和形制都开始成熟起来，都逐渐明确了各自的指导思想并各自沉淀为自己的建筑文化发展脉络。希腊“人文主义”精神成为西方建筑艺术形态的思想基础，汉代“罢黜百家、独尊儒术”使得儒家思想正式登上中国历史舞台；基督教和佛教分别在罗马时期和汉代成形，两种思想分别引导着中外建筑与环境设计的发展，随着各自的轨迹演进，各具风格。

一、概述

1. 古希腊时期

古希腊建筑风格的特点主要体现在和谐、完美、崇高，这些风格特点在建筑的各个方面都有鲜明的体现，使得纪念性建筑和建筑群艺术形式达到完美境界。古希腊人的遗产可以分为两个主题：一个是希腊建筑所包含的形象定式，这些定式包括一系列装饰物术语、雕塑以及柱式风格；二是希腊对建筑的本质看法——要恰当设计一个建筑物的维度，就必须遵循一定的数学比例。

2. 古罗马时期

古罗马建筑最重要的伟大成就是继承并发扬了希腊的风格形制，其次是工

小贴士

一池三山：中国古代的一种园林模式。汉武帝在长安建造建章宫时，在宫中开挖太液池，为“一池”；在池中堆筑三座岛屿，并取名为“蓬莱”“方丈”“瀛洲”，以模仿仙境，为“三山”，此后这种布局成为帝王营建宫苑时常用的布局方式。这种布局可以丰富湖面层次，打破单调视线，并逐渐成为经典，为历代山水园林规划所用，传承至今。

程技术的进步。古罗马人凭借着古代世界最光辉的拱券技术，使建筑内部空间更为灵活，可以满足更为复杂的功能要求，并且发展了内部空间的装饰艺术，进一步完善了柱式和拱券相结合的艺术手法。世俗生活的繁荣，使古罗马建筑的创作领域广阔，建筑类型多样，建筑的形制更为成熟，艺术形式和装饰手法丰富多彩，因此罗马建筑的功能性很强。欧洲人有谚语：“光荣属于希腊，伟大归于罗马。”

3. 春秋战国、秦汉时期

春秋时期，建筑上的重要发展是瓦的普遍使用和作为诸侯宫室用的高台建筑（台榭）的出现，并且开始有了用砖的历史。由于礼崩乐坏，各诸侯国竞修宫室苑台，建筑装饰与色彩搭配得到进一步发展。到了战国时期，城市规模日益扩大，集市交易不断繁荣，并由此出现了城市建设的高潮。

秦朝的统治虽然只有16年的时间，但是在这期间，秦始皇统一全国，修驰道，筑长城，集中全国人力物力与六国技术成就，通过统一的标准衡量，在规范细致的约束下进行大规模的建筑修造，使得秦朝宫室规模宏大、离宫别苑数量繁多。但由于结构上的局限性，秦代台榭建筑仍未脱离单层建筑的基本结构体系，斗拱技术也尚未成熟，使得这一时期的建筑形成了占地面积广、尺度不高的总体布局形象，建筑与环境设计风格雄浑厚重，简洁明快。

到了汉代，铁器的使用更为广泛，提高了各方面的生产效益。汉代是各类建筑全面发展的时期，包括宫殿、陵墓、苑囿、礼制建筑、民居、城市等。从文化方面看，汉武帝“罢黜百家、独尊儒术”，使儒学成为汉王朝在思想领域中的主要统治工具，并由此衍生出了礼制建筑。自古流传下来的巫祝与神仙方士的思想活动，在汉代依然盛行，营造出“一池三山”格局的园林建筑形式。此外，佛教在东汉明帝时由西域传入，由此出现了记载中最早的佛寺建筑。两汉时期多次出使西域，开拓了东西交通，东西方经济与文化各方面的交流对中国文化和世界文明的发展都产生了重大的影响。这一时期整体的艺术风格呈现出开阔而奔放、自然拙朴、圆润、气魄恢宏的特点。

二、建筑发展概况

1. 古希腊建筑

希腊早期的建筑是木架构的，后来，石材代替木材成为建筑的主要材料。迈锡尼文明时期的建筑在砌石与建造拱券方面成就突出，并奠定了古希腊建筑以梁柱结构为主的传统特色。如迈锡尼城威武沉重的狮子门（图64），由一横两竖的巨石构成，横梁上有一块三角形石雕，构图粗犷而强悍。

古希腊现存的建筑物遗址主要是神殿、剧场、竞技场等公共建筑，其中尤以

64 迈锡尼卫城，狮子门，公元前1350—公元前1300年

神殿为一个城邦的重要活动中心。古希腊建筑深受宗教影响，神殿也最能代表古希腊时期建筑的风貌。在平民文化的背景下，古希腊圣地建筑群和庙宇形制不断演进，其中以雅典卫城（图 65）为古希腊圣地建筑群艺术的最高代表，以雅典卫城中的主体建筑帕提农神庙（图 66）为古希腊神庙艺术的完美体现，柱式也在这些建筑中成就了最经典的装饰形式，在技术与艺术上，达到了无与伦比的高度。帕提农神庙是卫城上唯一的围廊式庙宇，是多立克柱式和爱奥尼柱式的完美结合，呈现出内柔外刚、刚柔并济的特色。神庙建造历经数十年的推敲，在比例与视觉的协调上达成精致优雅的境界。

2. 古罗马建筑

古罗马建筑最大的成就是拱券技术。古罗马时期为世俗生活服务的公共建筑有了大发展，公共建筑按作用主要分成两类：第一类是为军事帝国的扩张战争服务的炫耀性建筑，以凯旋门为代表，最能体现罗马爱国尚武的精神和罗马“拱券加柱式”的建筑风格。其他如记功柱、广场、庙宇等的建造，也大都借着某一场战役的胜利，分布在罗马城各处。第二类是为奴隶主奢靡腐化的生活服务的建筑，如许多规模宏大的跑马场、剧场、斗兽场、浴场等公共建筑，供罗马人消遣和生活享乐所需。其中古罗马大角斗场（图 67）是罗马建筑成就的缩影和古典柱式的教科书。角斗场规模宏大，大量运用拱券结构，并将拱券与各种柱式结合应用，把原本用作承重的希腊柱式变为一种装饰形式，突破了希腊建筑严谨的风格，是曲线与曲面艺术的尽情表达。在功能上，角斗场的设计也十分合理。角斗场共有 80 个出口和畅通的通道，可以有序地组织不同阶层的人士进出，引导人流疏散，交通流线之完美，在体育建筑中一直沿用至今。以卡拉卡拉浴场和戴克利提乌姆浴场为代表的公共浴场，体现了古罗马在建筑技术上十字拱和拱券平衡体系的成熟。此外，公共建筑还诞生了巴西利卡（图 68）形式。在拱券技术成熟后，巴西利卡的屋顶被远比木结构屋顶跨度大的筒式拱或者交叉拱券取代，使建筑物的内部空间进一步扩大。古罗马晚期，巴西利卡进一步

小贴士

巴西利卡：古罗马时期产生的一种高大的厅堂建筑，因为最早于公元前 184 年在意大利的巴西利卡 · 波尔恰地区出现而得名，广泛用于古罗马时期的法庭、交易所及会场等公共建筑中。通常为长方形平面，大厅沿长边常用二排或四排柱子分为三或五部分，中央部分宽而高，两侧形成狭而低的侧厅，通常有两层，中央主厅高出侧厅，光线可从高起部分两侧照进大厅，形式简朴而庄严。

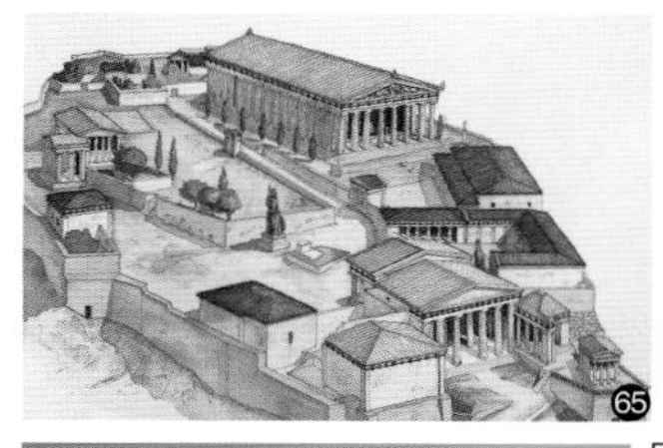

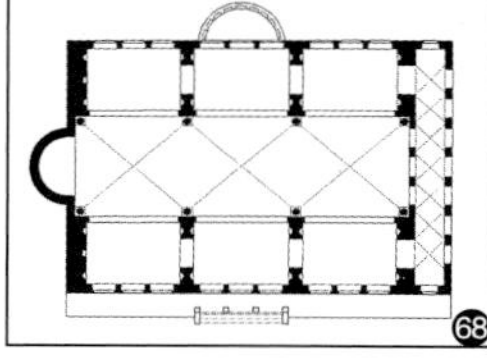

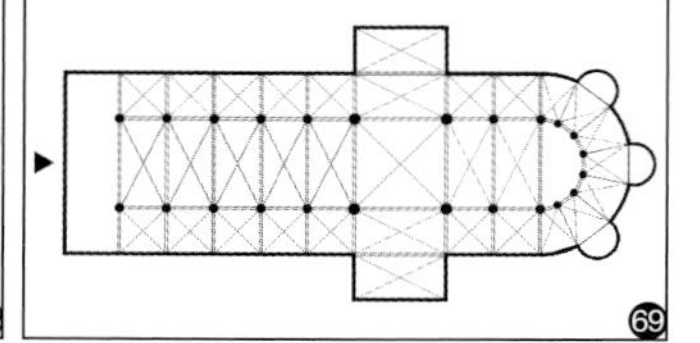

65 雅典卫城复原图，始建于公元前 580 年

66 雅典，帕提农神庙，公元前 447—公元前 436 年

67 罗马，大角斗场，公元 72—公元 82 年

68 巴西利卡平面图

69 十字巴西利卡平面图

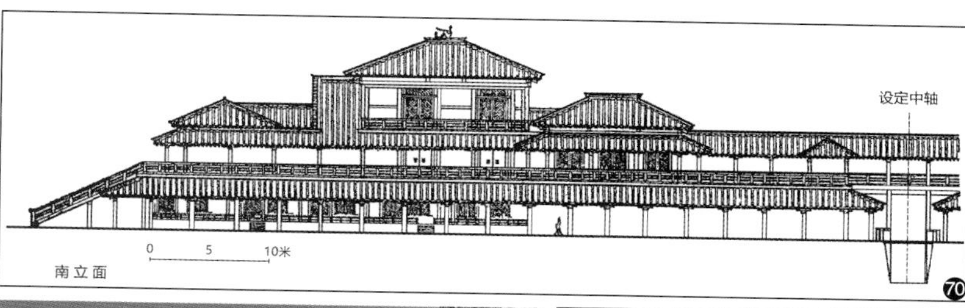

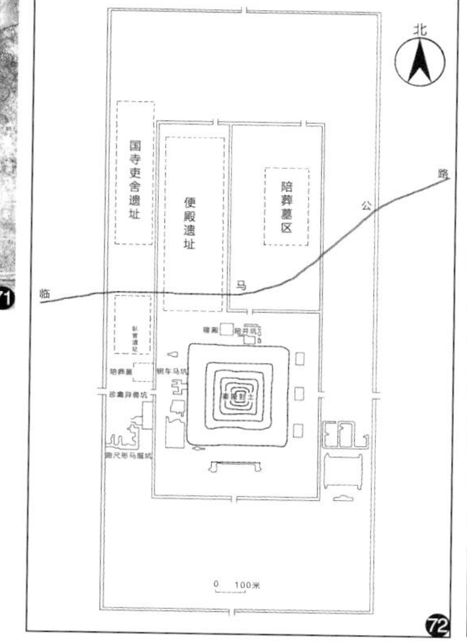

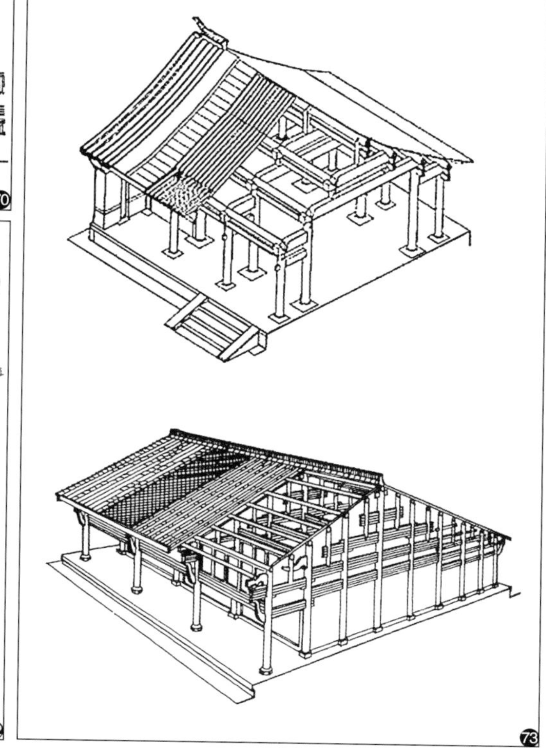

⑰ 陕西西安，秦咸阳宫宫殿遗址复原图，公元前350年

⑱ 罗马，哈德良离宫，公元114—公元138年

⑲ 陕西西安，秦始皇园内外城遗迹分布平面示意图，建于公元前247年—公元前208年

⑳（上）抬梁式、（下）穿斗式建筑架构图

演化，在垂直于原巴西利卡的长轴方向添置一个横廊，使巴西利卡演变成十字巴西利卡（图69）。除了公共建筑外，古罗马城中心巴拉丁山的宫殿群、罗马城东面28公里处的哈德良离宫（图71）、斯普利特（在今南斯拉夫境内）的戴克利提乌姆宫等皇家建筑也反映了罗马时期皇权至上的政治风貌。

3. 春秋战国、秦汉建筑

春秋战国以来，帝王诸侯宫室多建于高台之上。秦代在建设多层建筑时，仍不得不将木构件附于夯土基台。秦代在咸阳修筑宫殿、陵墓，历史上著名的阿房宫、秦始皇陵（骊山陵），至今遗址犹存。在距今咸阳市东15公里之处的村北发现的三处秦咸阳宫宫殿遗址（图70）皆为夯土高台建筑。阿房宫亦为夯土高台建筑，留下的夯土台东西约1270米，南北约426米，后部残高约8米。可见当时的宫殿建筑规模之宏大。秦始皇陵（图72）按照“事死如事生”的原则，模仿秦都咸阳的宫殿和都城格局，大体呈“回”字形。宏伟壮观的门阙和寝殿建筑群，以及600多座陪葬墓、陪葬坑，一起构成地面上秦始皇陵的完整形态，整体布局气势庞大，平面舒展，轴线对称。从陵寝布局中可以清晰地看到当时对建筑群体总体形制和氛围塑造的重视，开创了中国古代帝王陵墓的新格局和新形制。

汉代在建筑技术和结构体系方面，形成了抬梁、穿斗、干栏和井干四种木构架建筑模式，其中，抬梁式和穿斗式（图73）使用最多。抬梁式又称叠梁式，

小贴士

阙：一种设在城门或建筑群大门外表示威仪的纪念性建筑物。因左右分列，中间形成缺口，故称阙（古代“阙”“缺”通用）。它的雏形是古代墙门豁口两侧的岗楼，在人们能够建造大型门屋后，便演变成门外侧的威仪性建筑，防御功能逐渐减弱。

是在立柱上架梁，梁上又抬梁。穿斗式则是用穿枋把柱子串起来，形成一榀榀房架，檩条直接搁置在柱头，在沿檩条方向，再用斗枋把柱子串联起来，由此而形成屋架。出于保护墙体的目的，出檐不断加大，斗拱也日益被重视，斗拱在长期不断的应用中，从一种起结构作用的部件，发展为兼具结构与装饰双重功能的部件。出檐同样产生了另一种空间乐趣——廊道。这个半室内空间，将室内与室外完美地联系起来，一根根的立柱又能很好地使墙面退后，达到若隐若现的效果。

汉长安城金碧辉煌的宫殿建筑，是古代劳动人民智慧的结晶。从文献记载和考古发掘材料看，当时的建筑技术较之前已有很大进步，较多地出现了多层高大建筑物。长安城较为著名的宫殿群有长乐宫、未央宫和建章宫（图 74）。汉武帝罢黜百家、独尊儒术，由此衍生了礼制建筑，如王莽九庙、明堂、辟雍（图 75）。此外，出现了最早的佛寺建筑——洛阳白马寺。两汉时期也是我国墓葬建筑形态上的一个重要的过渡期，在墓葬材料、结构、建筑形制等方面都呈现出很强的变化。汉代墓葬以土圹墓、石墓和拱券墓为代表，除了地下墓室外，汉代墓葬的地面上多设有建筑，并设墓阙（图 76）、神道、石像生、墓碑等。

从建筑类型来看，古典时期西方以宗教建筑为主导，到了古罗马时期才开始了皇家建筑的大发展。古典时期的中国建筑皆以皇家建筑为主导，虽在汉代出现了祭祀建筑和佛寺，但数量仍远不及皇家建筑。反映在建筑形态上，西方建筑致力于宣扬神性之崇高，呈现出竖向的壮丽，如古罗马万神庙就高达 43.5 米。而中国建筑则更多展现出横向的恢宏，一方面是由于在汉以前，中国多层建筑的木架构问题仍未得到解决；另一方面，受以宗法家族为核心的社会文化影响，决定了中国建筑的基本模式是众多屋室组合在一起、形成在平面方向上无限延伸的建筑组群。此外，儒学提倡“天人合一”的思想，强调自然界与人的生命融为一体，在建筑空间处理上，不是高耸入云，横傲出世地指向神秘的上苍观念，而是向平面展开，脚踏实地引向现实的人间联想。

小贴士

明堂：古代帝王“宣明政教”的地方，凡朝会、祭祀、庆赏、选士、养老、教学等大典，均在这里举行。各朝营建明堂的形制与规模不尽相同，没有一个完全统一的式样。

辟雍：明堂外面环绕的圆形水沟，环水为雍，意为圆满无缺；圆形像辟，辟即璧，乃皇帝专用的玉制礼器，象征王道教化圆满不绝。

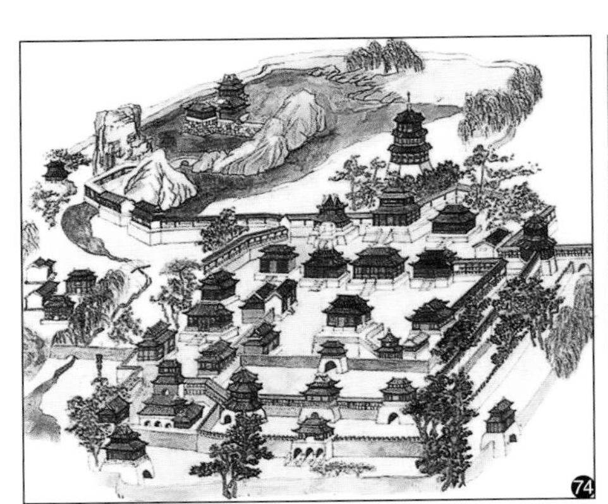

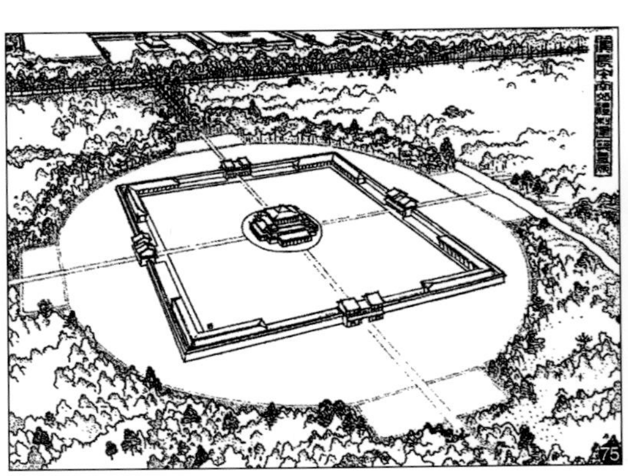

74 建章宫复原图，公元前 104 年

75 西汉长安南郊礼制建筑辟雍遗址总体复原鸟瞰图

76 四川雅安，高颐阙，公元 209 年

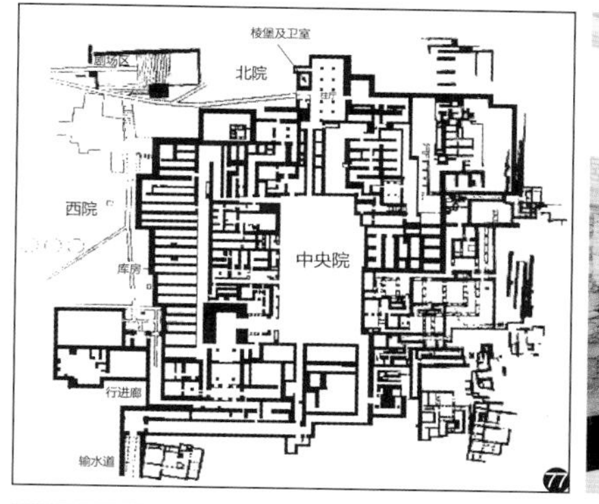

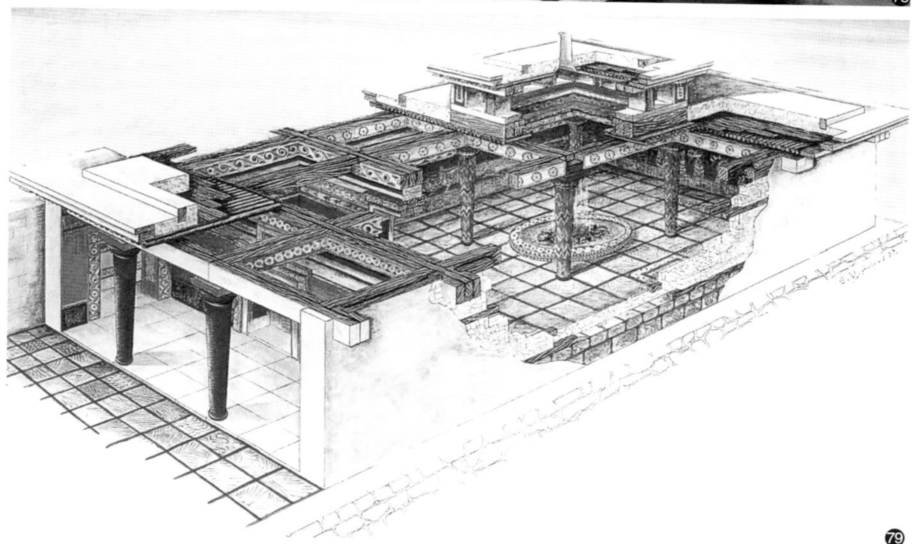

⑦⑦ 克里特岛，米诺斯王宫平面图，约公元前1450—公元前1370年

⑦⑧ 克里特岛，米诺斯王宫柱廊，约公元前1450—公元前1370年

⑦⑨ 伯罗奔尼撒半岛，迈锡尼宫殿正厅复原图，约公元前2000年

三、室内设计发展

1. 古希腊时期

古希腊建筑的源头可追溯到爱琴海南部克里特岛上的“克诺索斯文化”时期。米诺斯王宫是克里特岛上最显赫的宫殿建筑，是一个以庭院为中心进行布局的巨大建筑群。由于王宫整体规划没有严格的中轴线，依山势修建，内庭前后穿插，连廊曲折迂回，楼梯上下折转，通道纵横无序，给人易进难出之感，米诺斯王宫又被称为“迷宫”（图77）。王宫以围廊式和曲折柱廊为主要建筑特色，宫中多使用圆柱，不但出现在大小入口处，也独根或者多根布于过道或者室内，用以划分空间。这种圆柱多为木质，上粗下细，柱头设有圆盘垫，柱础很薄，木柱通体施以鲜艳的色彩（图78）。

相比米诺斯王宫，在迈锡尼附近的梯林斯宫殿整体规划井然有序。沿中轴线穿过两进前厅后进入宫殿正厅(图79)，正厅外面有一个门廊，内部有一个圆形的中央火塘，周围有四根柱子支撑着木屋顶结构，国王宝座高高地布置在一边墙的中央。室内采用对称式布局，形成强烈的秩序感，彰显出室内空间的纪念特征。

希腊神庙是从爱琴时代的正厅发展而来，原来正厅是作为王宫的大殿，这种纪念性强的平面布局形式也应用到了神的大殿中。希腊神庙的功能单一，构造也简单。在帕提农神庙 (图 81) 长方形的平面内，包容着东、西两个室内空间。东部较小的空间用于贮藏供奉和档案收藏，西部空间是放置着雅典娜神像的主要祭祀大厅。帕提农神庙四周的围廊体现了神庙特色，神庙内部列柱采用双层叠柱形式，以较小的尺度重复外部柱廊的比例。这种处理手段一方面使内外空间设计相互呼应，统一于以柱式为基础的比例体系；另一方面为封闭的内部空间提供了更为适宜的尺度感，以反衬神像的高大。在波塞顿神庙 (图 80) 中，也可以见到这种围廊式的美学处理方法。

由于古希腊建筑中多设有柱廊，梁柱建筑体系逐渐发展成熟，从而形成了最早的柱式体系，建立了比例、尺度、节奏、均衡等概念，形成了经典的多立克柱式、爱奥尼亚柱式、科林斯柱式 (图 82)。其中，多立克柱式以粗壮的比例被誉为男性柱，爱奥尼亚柱式以修长的比例被誉为女性柱，而科林斯柱式则比爱奥尼亚柱式更加修长纤细，柱头以莨菪叶作装饰，宛如插满了鲜花的花瓶。三种经典柱式大量应用于建筑及室内装饰中。

❽⓪意大利，帕埃斯图姆城，波塞顿神庙，约公元前 460 年

❽①雅典卫城，帕提农神庙平面，公元前 447—公元 436 年

❽②古希腊三大柱式

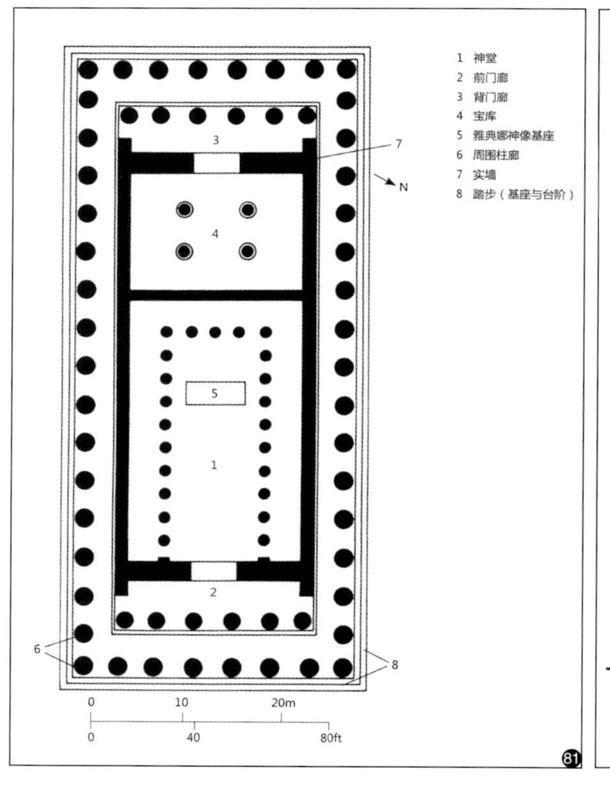

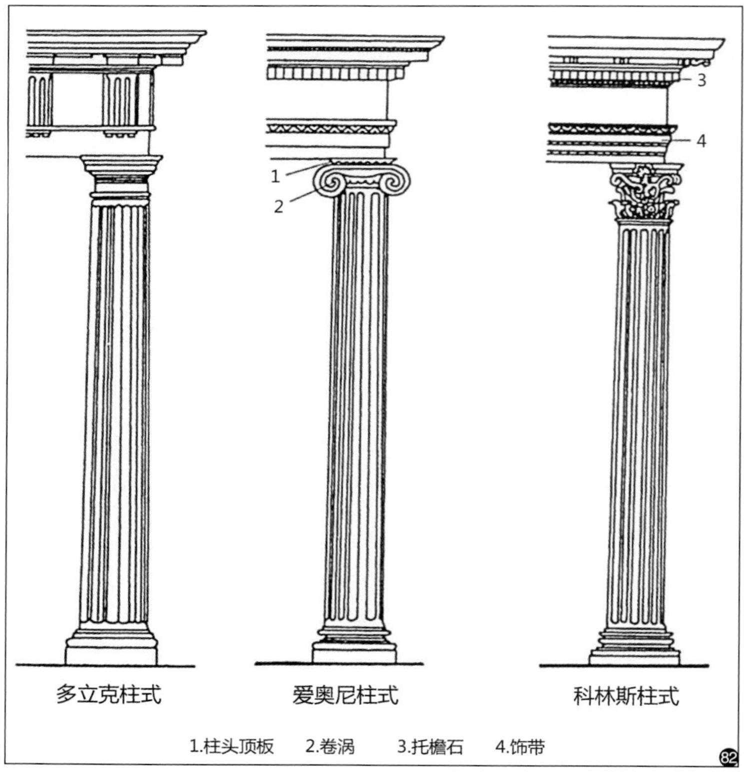

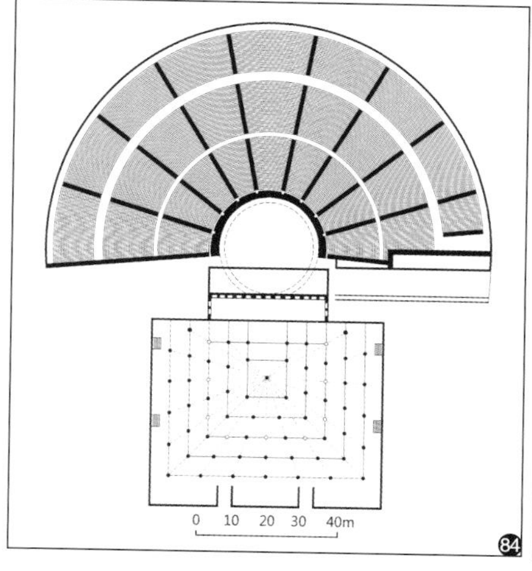

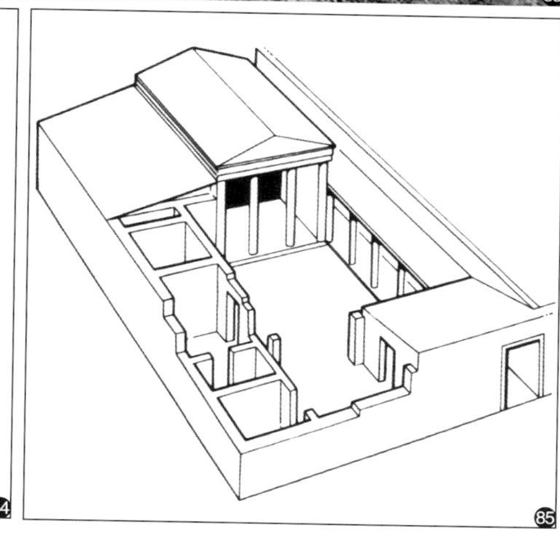

83 希拉波利斯卫城，麦迦洛波里斯剧场及会堂实景

84 希拉波利斯卫城，麦迦洛波里斯剧场及会堂平面图

85 小亚细亚，一座典型希腊住宅复原图，公元前 4 世纪

比起神庙，露天剧场承载着更为复杂的功能需求，反映在平面布局上，古典时期比较成熟的形制是，以观众席作半圆形布局，利用山坡建造，逐排升高，以放射形的纵伸向心过道为主，顺圆弧的横环过道为辅，出入方便，不妨碍观众视线，视线和交通处理得很合理。在自由民主制的城邦里，除了酒神的宝座外，剧场每个席位都是平等的。有些剧场为了召开全体公民大会，往往能够容纳几万人。麦迦洛波里斯剧场（图 83、图 84）直径便达 140 米，规模宏大。古希腊露天剧场有着显著的半室内空间特征。

古希腊住宅较为简朴，组合形式也比较单一，通常围绕着一个露天庭院进行布局，靠近入口处通常设有厅堂，面向街巷的墙面为光面。住宅的平面布局较为自由，对称格局不多见。希腊住宅极少开窗，房间与房间、室内与室外的联系，主要通过内门或开向内庭的外门来完成，并多使用门帘。进入希腊化时期，住宅的规划和设计相当讲究。位于小亚细亚西海岸的希腊城市——普赖依尼，那里的住宅（图 85）沿街设入口，所有的生活区都面对内院，列柱围廊内庭成为住宅中的常规设置。内庭以赤陶或卵石铺地，有时还植有花卉、树木，为四周的起居室、卧室和餐厅提供高质量的过渡空间。

古希腊的建筑与室内装饰均雕刻化。古希腊建筑中有圆雕、高浮雕、浅浮雕等装饰手法，创造了独特的装饰艺术。从爱奥尼亚柱式柱头上的旋涡、科林斯式柱头上的由忍冬草叶片组成的花篮，到女郎雕像柱式（图 86）上神态自如的少女、各神庙山墙檐口上的浮雕以及神庙内部装饰，都有精美的雕刻艺术。宙斯神庙（图 87）位于希腊雅典奥林匹亚村，是为祭祀宙斯而建，也是古希腊最大的神庙之一。宙斯神庙尤以象牙和黄金的塑像而闻名于世，神庙原先采用爱奥尼亚风格，后来改用了科林斯式石柱风格，统一使用大理石建造，室内空间呈现恢宏、庄严的氛围。

壁画也是古希腊室内一项重要的装饰内容。如米诺斯宫殿内部的重要房间有壁画或框边纹样作为立面装饰，多以平面手法绘制，线条流畅，色彩艳丽。这个时期的壁画大体分两类：一类描写宗教活动场面和带有宗教色彩的神话，另一类运用写实的方法刻画人的日常活动和动物的形态。米诺斯王宫宝座厅（图 88）的壁画装饰，以动物和植物形象为主，与室内简洁的石质地板、长凳、高靠背的石质宝座形成了鲜明的对比。

到了希腊晚期，室内的墙面和装修方法均走向丰富和精致化。在普赖依尼和提洛，流行一种“希腊砖石风格”的墙面装修方法，即将灰泥铸成有特殊质感的面层，然后涂上逼真的颜色，模仿细琢石或大理石板的效果，这也是视幻觉艺术在室内装饰活动中已知较早的应用。此外，陶瓷锦砖地面的工艺与艺术水平明显提高，完成了由早期卵石材料向更精细的镶嵌材料（如小块碎石、瓷片或其他硬质材料）的过渡。

86 雅典卫城，伊瑞克提翁神庙，公元前 421—公元前 405 年

87 雅典奥林匹亚村，宙斯神庙复原图，公元前 470 年

88 克里特岛，米诺斯王宫，宫殿内的宝座厅，约公元前 1450—公元前 1370 年

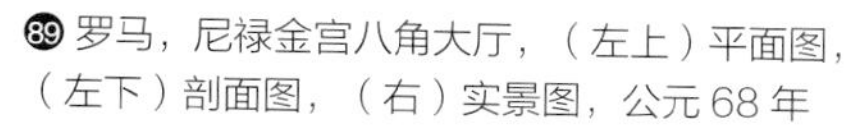

❽❾ 罗马，尼禄金宫八角大厅，（左上）平面图，（左下）剖面图，（右）实景图，公元 68 年

❾⓪ 罗马，万神庙，（上）平面图，（下）剖面图，公元 118—公元 128 年

❾❶ 罗马，万神庙室内，公元 118—公元 128 年

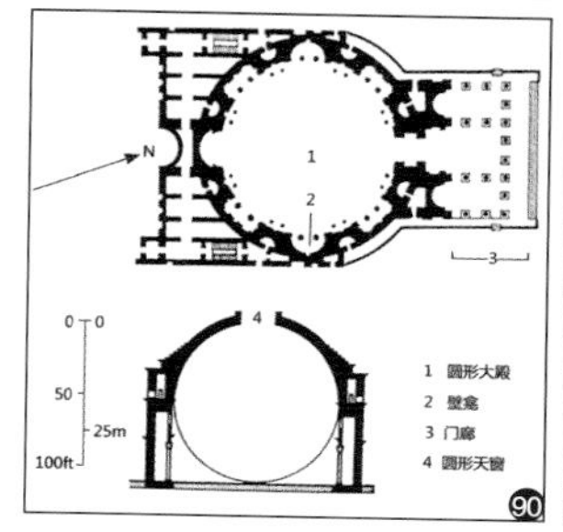

2. 古罗马时期

古罗马时期混凝土和拱券结构技术的大范围应用，极大地解放了建筑的结构和内部空间。古罗马著名的“金宫”，使用了混凝土浇筑、拱券等新技术和新结构形式，建造了八角亭、十字形等丰富多样的几何图形平面形态。金宫的八角大厅 (图 89) 是遗址的代表性建筑，是一座袖珍型的神庙。大厅的中央上方覆盖一个大圆顶，圆顶中央留有采光口。大厅室内有五条边分别通向覆有拱顶的长方形房间，这些房间通过上面环绕着圆顶外沿的一圈隐蔽采光井采光，使得其下的墙壁巧妙地消融于朦胧的光影中。

万神庙将古罗马建筑穹顶的光影艺术发挥到了极致，代表着罗马人设计和建造工程的最高水平，是古罗马建筑最辉煌的成就之一。万神庙结构简单，形体单纯，由一个矩形门廊加一个圆形神殿组成(图90、图91)。圆形神殿顶上覆盖一个直径43.3米的大穹顶，创造了当时世界最大的穹顶空间。穹顶上以藻井装饰，顶中央有一个直径8.9米的圆形大洞，为庙内唯一采光口，光线从上泻下，渲染出神秘的氛围。圆形神殿地面中央微微凸起，由中央向四周远望，越往远处地势越低，平添一种深远之感。四周的构图连续，不分前后主次，加强了空间的整体性，浑成统一。内部空间任何声音都可以相互撞击，使空间的共鸣性增大。这种围合性的空间感是一种静态的力量，造成了信神者内心的超然感受。万神庙室内比例和谐，圆顶直径恰好等于地面到圆眼窗的高度。室内希腊柱式与拱券结构完美结合，中层相互交替装饰镶板与假窗，虚实相间的节奏消除了墙体的沉重感。罗马人修筑了众多公共建筑，如剧场、图书馆、法庭、市场、浴场等。公共建筑蓬勃发展，室内空间的尺度进一步扩大。罗马人的法庭——玛克辛提乌斯巴西利卡(图92)，以筒形拱与交叉拱形成宏大的室内空间，反映了混凝土拱顶构造的巨大尺度和丰富装饰。这座巨大的厅堂建筑有一个中央空间，用以公众诉讼和审判；审判席位于建筑后端半圆形龛内的高台上。在中厅两边都有拱廊分开，侧廊成为联系中厅的通道空间。中厅的设计比侧廊高，窗户开在中厅的上部形成高侧窗，解决了采光的问题。

古罗马繁荣的世俗生活为公共建筑带来复杂多样的功能需求，室内的空间形态和流线组织也进一步丰富起来。卡拉卡拉浴场(图93、图94)是公共浴场中规模较大的一个，可供1600人同时使用。浴场提供一系列水温不同的浴室，浴室各部分空间以纵横交叉的多条主次轴线有机地组织在一起，并配备图书馆、运动场所等。巨型的科林斯柱子支撑着浴场上方的拱顶，光从门窗和高侧窗射入，地板、墙面、拱顶都覆盖有色彩斑斓的大理石。复杂的功能组织、多样化的空间形态、丰富而明确的轴线导向、周到的服务设施和精致的装修设计，全面反映了帝国时期古罗马人在室内环境创造活动中所达到的较高水准。

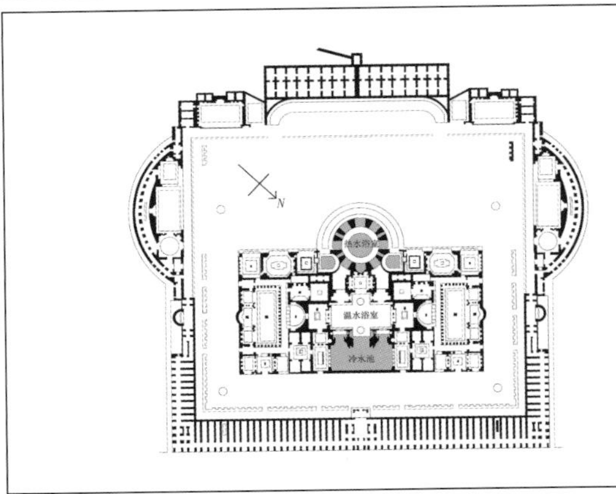

92 罗马，玛克辛提乌斯巴西利卡室内透视图，公元 307—公元 312 年

93 罗马，卡拉卡拉浴场平面图，公元 211—公元 217 年

94 罗马，卡拉卡拉浴场复原图，公元 211—公元 217 年

95 庞贝古城，维蒂住宅，公元 63—公元 79 年

96 庞贝古城，维蒂住宅柱廊花园，公元 63—公元 79 年

97 罗马柱式，（左）塔司干柱式，（右）混合柱式

98 庞贝古城，维蒂住宅壁画，公元 63—公元 79 年

罗马的城市居住建筑大体分两类，一类是公寓式住宅，一类是沿袭希腊晚期的天井式的或称明厅式的独院住宅，但平面变得对称整齐，高度也定式化了。庞贝城的维蒂住宅，中心是一间矩形的大厅（图 95），屋顶中央有一个开放的天井口。这间大厅是家庭的生活中心，周围布置不同用途的房间，后面设有花园（图 96），周围有柱廊环绕，室内空间布局合理。

古罗马柱式的承重作用由于新型材料和结构的进步大为减弱，更多作为装饰元素存在。古罗马在古希腊传统的三柱式的基础上，创造出新的塔司干柱式和混合柱式（图 97），共同构成古典建筑五柱式。塔司干柱式柱身无凹槽，柱头无装饰，整体风格质朴、粗犷。混合柱式是将爱奥尼亚柱式的涡卷与科林斯柱式的莨苕叶相结合，形成了非常华丽、繁复的柱式，是五大柱式中最具装饰性的。在塞尔维托里的墓葬内也可见浮雕壁柱，东方化的柱头，展现武器、头盔、花瓶、杯子、动物等灰泥浮雕。

除了继承希腊建筑雕刻化的传统，罗马人还大力发展了室内装饰技术。室内多使用大理石贴面、马赛克镶嵌、陶瓷锦砖等手法来装饰室内壁面与拱券，用红、黑、绿、金等色彩表现华丽的风格，丘比特与普赛克住宅遗址，地面和墙面都由大理石铺设。古罗马室内墙面也常用壁画加以装饰，其装饰题材多取自神话故事或日常生活的场景。古罗马最初的壁画装饰强调墙面的平面结构特色，之后，又在墙壁和顶棚上运用绘画手法表现建筑构件的立体效果，使得壁面装饰逐渐打破了现实和幻想之间的界限，创造了错觉效果。如位于庞贝的维蒂住宅（图 98）以壁画饰面，突出地反映了古罗马人对视幻觉技巧的兴趣。

3. 春秋战国、秦汉时期

春秋战国的建筑平面日趋多样化，仅居住建筑就有圆形的、双圆相套的、方形的、矩形的、亚字形的、回字形的等。功能更加复杂的宫殿和庙宇，在内部空间布局上强调公共空间和私密空间的分割，以内外有别的礼制思想组织室内布局，如陕西凤翔马家庄秦故都曾发现春秋时期秦国宗庙遗址（图 99）。

秦汉时期，中国古代建筑室内空间的主要形态已基本出现，其内容大体包括两大类：第一类是宫殿、礼制等主要建筑，这类土木混合结构的高台建筑是“聚合许多单体建筑在一起的建筑形式”。其室内空间形态的特点是由若干个“小的矩形单元”聚合而成“高敞”的大空间，许多其他平面，如L形、U形、十字形和H形等，也是矩形平面组合演化而来的。矩形平面，利于使用，便于建造，能够组成多种形式的群体，宫殿布局平面呈“前朝后寝”，建筑的特点主要靠体量大小和装饰的繁简体现。秦汉时期的建筑空间形态，以对称的造物思想，沿中轴将“门”“厅”“室”由前到后排列，形成了进制院落的雏形。此时的大型建筑一半都采用对称的形式（图100），但在院落体系并没有进化完整的初期，各建筑的组合形式，有的仍然随意灵活，根据空间的使用功能来组合（图101）。第二类是住宅等民间建筑。秦汉时期住宅资料多从文献、明器、画像石和画像砖中得到。一般住宅为单体建筑，平面形态呈现“一堂二内”(图102)。一种形式是一“堂”在前，二“内”在后，“堂”的面积为二“内”之和；另一种形式是一“堂”在中间，二“内”在两侧，为三开间的布局。所谓“堂”指前部的半敞空间，应为住宅中的公共部分，相当于现在的厅；所谓

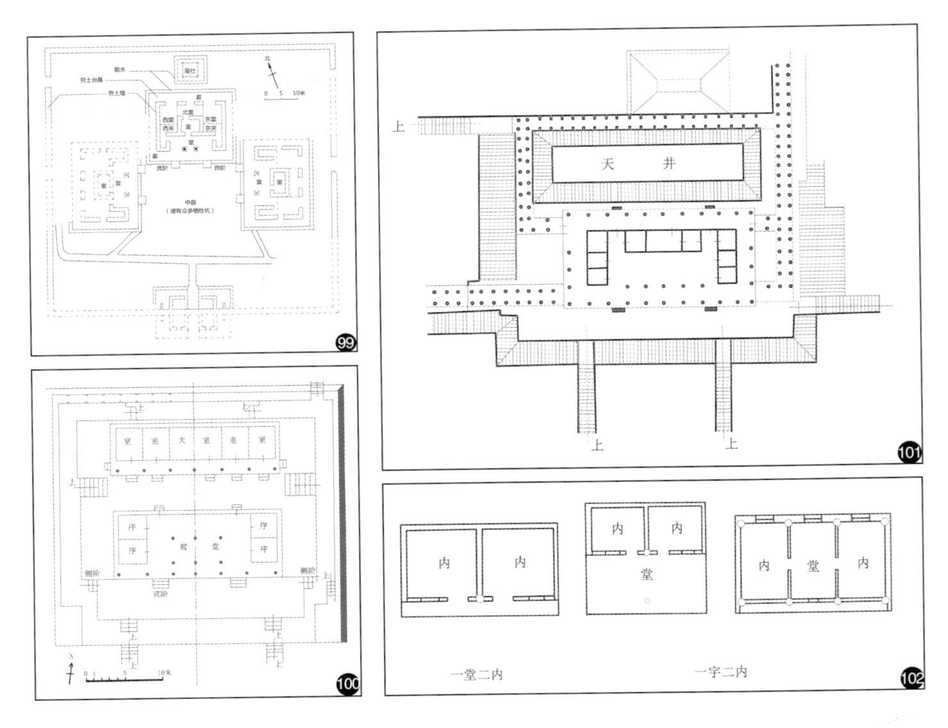

99 陕西宝鸡凤翔，秦国宗庙遗址，公元前770—公元前 476 年

100 广东梅州，西汉南越王常乐台复原平面图，公元前 137—公元 122 年

101 陕西西安，长安椒房殿平面复原图，西汉

102 “一堂二内”示意图

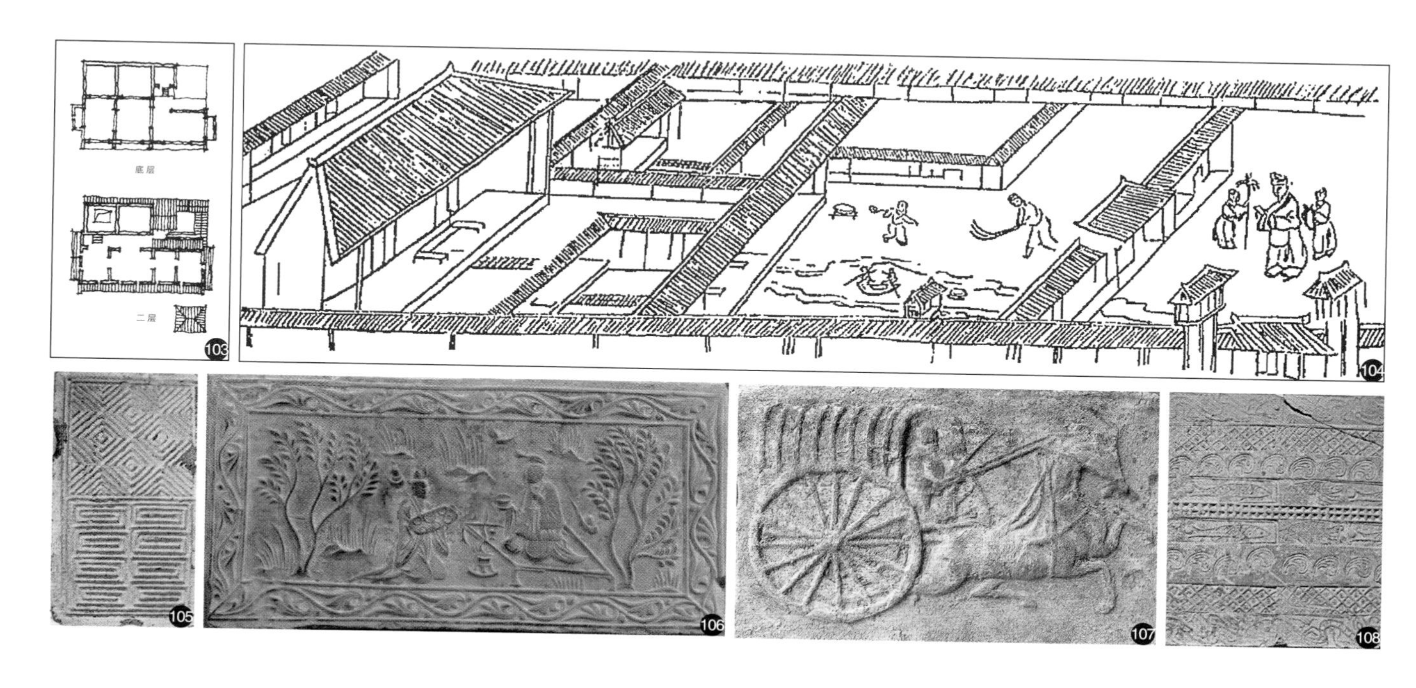

103 湖北孝感云梦出土，楼房住宅明器平面图，汉代

104 山东诸城县前凉台村汉墓，画像石中之住宅图像，汉代

105 秦代地砖

106 陕西咸阳，画像砖，秦代

107 车马画像砖，汉代

108 汉代地砖

“内”，指其后的私用部分，相当于现在的卧室。这一时期，住宅内部的功能分区问题已经开始受到重视，并得到初步解决。

秦汉时期住宅还以此为基础，有更复杂的组合。宅第的建筑平面布局为前后多重院落，院落空间的形成是单体建筑的“堂”“门”分置的结果，如二进深和二、三层的。湖北云梦出土明器（图 103）显示，有二列二层，前列为数室，后列东为厕所和猪圈组成的小院；中部为厨房，西为望楼，楼梯位于走廊上，此时住宅组成丰富，功能合理，从平面向立体发展。汉代的画像石、画像砖（图 104）图像资料显示，当时厅堂的前檐对庭院是敞开的，且不设檐墙；遮阳避雨靠设置帘帷来实现，同时，帘帷也起到了界分室内室外的作用。从空间功能看，庭院与厅堂内外互渗，宅第的空间形态基本是“前堂后室”的平面布局。另外，楼、阁、阙等多层建筑也有新的发展，这种立体的空间关系丰富了该时期的空间形态，也使得室内的功能分区更为合理。东汉时期，全木梁柱框架结构体系技术日臻成熟，单体建筑已有“墙倒屋不塌”的特性，以此结构体系而形成的室内空间形态，具有“高敞融通”“自由分隔”的特征。

对于建筑及室内材料的运用，这一时期尤其重视的是砖和瓦的装饰性的运用。春秋战国时流行最多的是四山镜和兽纹镜。随着制砖、制瓦技术的提高，还出现了专门用于铺地的花纹砖，有双龙、回纹、蝉纹等纹饰（图 105）。在秦都城咸阳的宫殿遗址考察中发现大量的画像砖、铺地的青砖以及瓦当等，除了众多的几何纹样和动植物纹样，还涉及了一些场景类的纹样，比如狩猎的场景、宴请宾客的场景等（图 106）。汉代的瓦当、画像砖在构图上更加简练明确，内容更为生动形象，丰富逼真，在线条运用上更加劲健，主题更加丰富广泛（图 107）。汉代相比秦代的砖石更加成熟，尤其是应用在室内空间当中的铺设地砖，图案创作纹样更加细密丰富，其图案多为几何纹样、回纹等，构图繁复（图 108）。

小贴士

瓦当：古代中国建筑中覆盖建筑檐头筒瓦前端的遮挡，特指东汉和西汉时期，用以装饰美化和蔽护建筑物檐头的建筑附件。瓦当上刻有文字、图案，极富变化，有云头纹、几何形纹、饕餮纹、文字纹、动物纹等等，为精致的艺术品，属于中国特有的文化艺术遗产。

壁画装饰在战国时期便已出现，这一时期，壁画首先是为了起到警醒教育的作用，其次才是对室内环境进行装饰。到了秦汉时期，由于建筑空间高敞融通，在室内设计上，宫室、殿堂、祠堂等大型建筑的室内界面及构件充分利用壁画装饰来消减视觉上的空旷感。秦咸阳一号宫址上独柱厅内发现的一块壁画残片，由多种几何图形组成，排列规整而有变化，风格雄健，显示了秦文化的艺术特色。壁画残片上主要绘有车马、仪仗、建筑、人物及云纹、四方连续菱花纹等图案纹饰，施黑、赭、黄、大红、朱红、石青、石绿等色。据文献记载，汉代宫殿壁画很多，其内容大都画圣贤、功臣及象征祥瑞的神仙等。西汉前期的墓室壁画，以 1988 年在河南发现的梁王墓和在广州发现的南越王赵眜墓为代表，两者均属“凿山为室”的山崖石室墓。梁王墓主室 (图 109) 顶部及西、南壁，彩绘着青龙、白虎、朱雀等方位神，以及灵芝、荷花、云朵、菱形图案等内容，巨龙长 5 米多，形态矫健，色彩绚丽，十分壮观。南越王墓前室顶部及四壁，有朱墨彩绘的卷云纹壁画，图案蜿曲缭绕，装饰效果颇佳。西汉晚期的墓室壁画，绘于空心砖构筑的主室脊顶、门额、后壁或隔墙上，题材有日月星象、御龙升天、驱鬼逐疫及历史故事等。东汉壁画沿袭西汉晚期以来的传统，并出现了门卒属吏、车骑出行、男墓主家居宴饮等新内容，生活气息明显增强。秦汉时期的装饰绘画注重题材，并通过象征、模拟的手法立象尽意、引人入境，人在境中、境生象外。绘画丰富了室内空间结构，拓展了室内空间的审美视野和情趣，使室内设计充满意境之美。

109 河南永城，梁王墓主室，约公元前 144 年

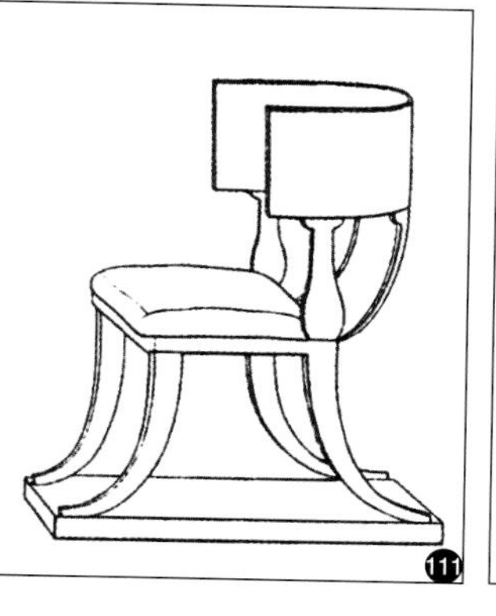

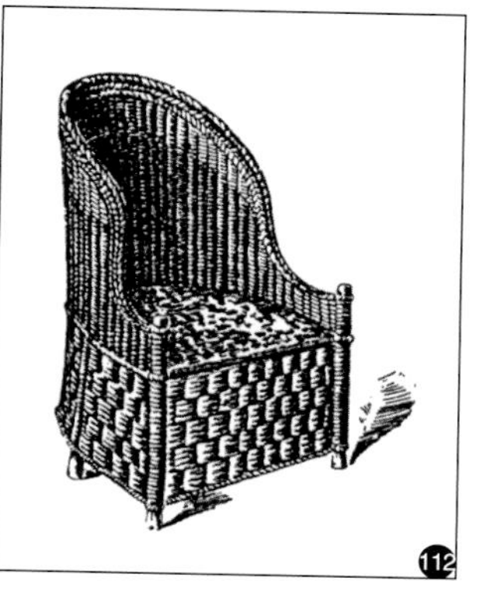

110 希吉斯托石碑，约公元前 410 年

111 罗马宝座复原图，公元前 60—公元前 20 年

112 罗马藤椅复原图，公元 3 世纪

113 古希腊瓶画，《战士的告别》，公元前 8 世纪—公元前 4 世纪

四、室内陈设艺术发展

1. 古希腊家具

依据古希腊遗留下的石刻、绘画和文学作品等提供的信息可知，当时室内家具种类主要有椅、桌、凳、床、长榻等，最为精巧的家具是餐厅家具。古希腊家具的尺寸一般较小，其装饰也较简单，尤其是座椅的造型自由活泼，在希吉斯托石碑上，表现了一把被称为“克里斯莫斯椅”（图 110）的椅子形象，椅腿向外弯曲，椅背曲线优美。古希腊家具有着平民化的特点，形成了简洁、自由、实用、优雅的家具特色。

2. 古罗马家具

古罗马家具在古希腊家具文化艺术的基础上，受到了罗马建筑造型的影响，造型坚厚凝重。当时的家具除使用青铜和石材，也大量使用木材。桌、椅、灯台及灯具的艺术造型与雕刻、镶嵌装饰达到很高的技艺水平。家具设计采用各种动植物图样的纹形，如用战马、雄鹰、翼狮、忍冬草、桂冠等作为装饰与雕刻题材，构成了古罗马家具的男性艺术特征。从一件遗留下来的罗马石刻椅子（图 111）可以看出，当时以功能为主设计的家具更显轻便和简洁，而且通常都是用藤柳制成（图 112）。

3. 陶器及工艺品

除室内家具陈设外，古典时期日常生活器皿的设计也十分精美。如古希腊陶器工艺，比例适度、线条流畅、功能和造型结合紧密，以绘画为基本的装饰手段，有“黑绘”和“红绘”两种形式。“黑绘”以红色为底，绘以黑色的形象；“红绘”则相反，黑底红色图像。均采用叙事性的主题，手法写实，线条简练。《战士的告别》（图 113），是一件“红绘”式作品：战士出征，年轻的妻子为他送上一壶壮行酒，年老的父母鼓励战士英勇杀敌，场景真实细腻。形态精美的陶器成为室内陈设用品的主要类型。

罗马人对各种实用器具的制造极为倾心，他们的实用器具不但种类繁多，而且材质昂贵，制作豪华。其中以银器工艺(图114)的成就最为突出。其装饰纹样大多采用浮雕法，风格精致而华美。此外，古罗马时期玉石工艺、象牙雕刻、陶器工艺和染织工艺等都有不小的成就，其制品无疑成为当时室内重要的陈设品选项。

4. 春秋战国及秦汉家具

春秋战国时期中国的家具主要有席、床、榻、几、案、屏、灯等，构成了室内陈设的重要特征。整体来看，由于当时人们都是在室内跪坐，所以各类家具都很低矮。到了秦汉时，床、榻等家具在室内陈设中固定性日益增强，从先秦室内“以席为中心”的陈设格局，逐步演化为“以床、榻为中心”。这一变化源于建筑空间向更高敞、统一连续性发展，室内空间水平维度上的组织与分隔主要通过帷幔、帷幄、屏障等来完成。到了战国时代，漆窿屏的工艺已十分

114 克罗地亚出土，银器，古罗马时期

115 河南密县，打虎亭汉墓二号壁画墓，《宴饮百戏图》，东汉晚期

116 河南洛阳，墓室壁画，《二仙图》，汉代

115

116

114

117 铜镜，（左上）战国秦武士斗兽纹青铜镜，（右上）西汉彩绘铜镜，（下）东汉铜镜

118 灯具（1. 汉代青铜跪人铜灯 2. 汉代铜朱雀灯 3. 汉代炉形筒灯 4. 汉代堆塑灯盏 5. 彩绘陶百花灯）

119 汉代雕塑，（左）西汉陶彩绘士兵俑，（右）东汉青铜骑士俑

120 秦公青铜簋，春秋

121 诅盟场面青铜器，西汉

高超，屏风雕刻和色彩都很精美，先秦时多设于王位之后，强调象征性。到了秦汉时屏风的实用性逐步增强，类似活动的隔断，用于分隔、组织空间，有效调节室内空间与人体尺度之间的适度比例关系（图115、图116）。

5. 灯具、雕塑

室内陈设品中除了家具外，还有日常生活的必需用品，如铜镜（图 117)、灯具（图 118) 等。这些器物常镶嵌金、银、铜、骨、角、玛瑙、水晶，非常具有装饰意味，为室内空间增色不少。战国时期灯具已经有了很大的发展，为秦汉灯具的极大繁荣奠定了基础。战国时期灯具的材质主要为陶和青铜，装饰简单，区别只在灯柄的样式上，秦汉出土的灯具则精致华丽许多。灯具在种类上大致分为人俑灯、动物形灯和仿器皿类灯，还有少量的多支灯。一般灯具都会配合低矮的置物类家具（如几、案等）一同使用。多支灯为了适应坐具，高度有所变化。体量较小的灯通过灯枝提高了陈放位置；相反体量较大的灯具，在室内陈设的位置就相对固定；体量更大的灯具，如带有灯柱或多灯枝的灯具主要是被置于地上。其他纯粹装饰作用的陈设品，如雕塑，其写实水平也可以和同时期的罗马艺匠媲美。但汉塑（图 119）追求的并不是具体写实，而是追求一种气韵之美。西汉雕塑是在一定写实基础上追求传神，到了东汉雕塑更多的是牺牲细节的摹写，没有修饰，不重人的写实对比，没有个性表现，突出高度夸张的形体姿态和粗线条的轮廓。

6. 青铜器具

春秋时期青铜器仍然很兴盛，但自奴隶制开始崩溃后，与此相关的礼器也开始减少，而实用器具则逐渐增多，同时因各诸侯国的铸造增多且产生了不同的地区风格，春秋中期的纹饰向繁密演进，纹饰的形状变化丰富、构图生动并富有生活气息，这种纹饰后来成为了中国画的前身（图 120）。在秦汉时代的 441 年间，中国古代青铜艺术经历了最后的辉煌。秦汉国力强盛，充满自信而又朝气蓬勃的时代自然为艺术的发展提供了广阔的舞台和无限的空间，而秦汉青铜艺术（图 121）又以其高超的技艺、磅礴的气势反映了这种时代的精神。其特点表现为大型独立性圆雕层出不穷，雕塑语言简洁畅达，风格质朴大方，生动传神，突出艺术创作的现实主义风格。

与古希腊、罗马相比，汉代纯粹的艺术品非常少见，主要是一些殉葬的物品。汉人善于将实用品或殉葬品变成艺术品，汉代的陶俑，彩绘与雕塑的艺术结合非常完美。工匠没有着力去雕刻人物的五官形体及剧烈动态下所形成的身体扭曲，因此汉俑的雕塑感远不如古希腊、古罗马强烈。但是绘画并未削弱自身的表达力，反而形成身首浑然一体、体态饱满的审美情趣。从壁面装饰题材上看，古希腊时期，现实生活的描绘虽常见，但主要仍以宗教内容为依托；中国先秦三代表现的都是宗教礼制的神秘庄严，到战国时期，才在器物上有了娱乐、宴饮、战争的表现，总体上这种题材不多见，并且多是反映上层贵族的生活。随着世俗文化的不断深入，古罗马和汉代在绘画中对现实生活的描绘都十分常见，在各种装饰上都反映着世俗生活的风貌，并都与宗教有着紧密联系，都表现出人们通过宗教信仰对现实生活的关照，这是中外极为相似之处。

课堂思考

1. 秦汉时期在室内空间组织上是如何体现虚实相生之道的？
2. 跨越千年的古罗马环境艺术对当下室内环境设计有何借鉴意义？
3. 春秋时期，关于建筑的本质意义，老子在《道德经》中阐述了“无”在器、建筑中的价值。通过本章的学习，能否用所学案例分析老子的哲学观念在空间中的体现？

Chapter 4

中世纪时期

学习目标

通过本章学习，能够了解欧洲中世纪时期的建筑及室内设计的特色；中国朝代频繁更替时期，室内设计受到建筑技术的影响；了解日本传统建筑特色的形成和对地域化特点的探索。

学习重点

1. 了解建筑及室内设计的发展不仅受到经济发展的制约，而且也受到宗教的直接影响。
2. 了解西方教堂室内设计中装饰形式及手法的特征变化。
3. 总结中国室内陈设中家具形式的变化。

中世纪时期大约处在公元 476—公元 1453 年，此时的欧洲得到了早期基督教的启蒙，涌现了大量的教堂建筑，其中以拜占庭式和哥特式建筑风格为主。此时的日本则是度过了飞鸟时代（公元 593—公元 710 年）、奈良时代（公元 710—公元 794 年）、平安时代（公元 794—公元 1192 年），整个时期的日本全面吸纳中国唐代以及印度和波斯文化，并自成一体，形成了从传统佛寺到具有自身风格的天竺式、禅宗式以及和式三种风格的日本样式建筑。中国则经历了三国（公元 220—公元 280 年）、两晋（公元 265—公元 420 年）、南北朝（公元 420—公元 589 年）、隋朝（公元 581—公元 618 年）、唐朝（公元 618—公元 907 年）、五代（公元 907—公元 960 年）、宋代（公元 960—公元 1279 年）以及元代（公元 1271—公元 1368 年），多民族大融合，多种文化互相碰撞。佛教在此阶段早期传入中国，从而推动了大量的石窟和佛寺的兴建。

一、概述

1. 西欧与拜占庭帝国

公元 1 世纪，在今天包括以色列在内的巴勒斯坦地区，罗马帝国统治下的犹太人萌生了基督教，并在公元 313 年得到罗马帝国的承认，其后迅速传播，在整合与分裂中逐渐形成以西欧的天主教和东欧的东正教为主的两大支派，对后来的欧洲文化发展起到极为重要的影响。

公元 330 年，罗马皇帝君士坦丁迁都欧亚交界处的拜占庭，命名君士坦丁堡，到 4 世纪末，罗马帝国分裂为东西两部分，分别是以罗马为中心的西罗马和以拜占庭为中心的东罗马。476 年，西罗马帝国在北方民族的入侵之下灭亡，东罗马则一直延续到 1453 年，史称拜占庭帝国。从西罗马灭亡到 14 世纪中叶兴起的文艺复兴运动，这期间大约 1000 年的欧洲历史被称为中世纪时期。

这期间，欧洲经济文化衰落，战乱不断，百姓纷纷在宗教中寻求慰藉，允诺来世的基督教被广泛接受，成为民众的精神归宿。其后，随着相对稳定的封建秩序的建立，中世纪文明开始发展起来。中世纪社会生活中最重要的建筑是教堂，其早期的朴素形式经历了几百年的发展，在 12 世纪形成了气势恢宏、装饰华丽的哥特式风格。

2. 古代日本

公元 593 年，日本进入飞鸟时代，圣德太子执政，日本以苏我氏为代表的豪族势力单薄，朝廷面临内忧外患的处境。为挽救社会危机，圣德太子大举改革，形成日本奈良盛世。公元 710 年，日本天皇注重农耕，兴修水利，社会经济得到空前发展，又受到中国盛唐文化的影响，从而出现了日本第一次文化全面昌盛的局面。公元 794 年，天皇迁都日本平安京标志着奈良时代的结束，日本开始步入平安时代，此时全国大兴佛寺，佛像以及佛画和装饰艺术兴盛起来。

3. 中国唐宋时期

中国魏晋南北朝时期各朝代的时间都很短暂，社会生产的发展比较缓慢，建筑上不及两汉期间有那么多生动的创造和革新，民生虽然艰苦，但乱臣权贵依旧铺张浪费，府第宫室建筑仍然穷奢极侈。在此期间，佛教传入中国，各种佛寺佛塔建筑遍布全国。佛教建筑的发展，带来了印度、中亚一带的雕刻、绘画艺术，使得汉代比较质朴的建筑风格在此时变得成熟、圆淳。“南朝四百八十寺，多少楼台烟雨中”，佛教在当时的地位可见一斑。

隋唐是我国封建社会经济文化发展的高潮时期，建筑技术和艺术形式有了巨大发展，建筑特色气魄宏伟、严整开朗、舒展而不张扬，古朴却有活力。隋唐对外交往广泛，此时中国建筑已发展至成熟阶段，并与国家礼制、民间习俗密切结合，满足使用需要，成为稳定的建筑体系。同时，隋唐时期木结构建筑实现了艺术加工与结构造型的统一，屋顶曲线舒展开朗，出檐深远。线条流畅活泼的叠瓦脊以及“鸱尾”造型形成了隋唐建筑最具魅力的典型特征，而木构部分的斗拱、柱子、房梁等建筑构件体现出力与美的完美结合。

宋代的城市形成了按行成街、临街设店的布局，城市消防、交通运输、商店、桥梁等建筑都有了新发展。北宋都城汴梁（今河南开封）呈现出一座商业城市的繁荣面貌。这一时期，中国各地已不再兴建规模巨大的建筑，只在建筑组合方面加强了进深方向的空间层次，以衬托主体建筑，并大力发展建筑装饰。宋代建筑没有了唐代建筑雄浑的气势，体量较小，绚烂而富于变化，呈现出细致柔丽的风格，出现了各种复杂形式的殿、台、楼、阁。建筑结构在宋代也有了很大的变化，突出表现为斗拱的承重作用大大减弱，且拱高与柱高之比越来越小。

蒙古人在短时期内以强大的军事力量统一了亚洲和东欧的广大地区从而建立元朝。由于其社会生产力处于以游牧为主的阶段，因此居住方式以毡帐为主。元代立国时间虽短，但由于扩张过程中兼容并蓄，形成中国传统建筑发展过程中少有的建筑文化大融合的状态。

二、建筑发展概况

1. 哥特式建筑

早期基督教的流传使得教堂开始兴起，这个时期欧洲最为主要的两种建筑式样分别是拜占庭建筑与哥特式建筑。拜占庭建筑从古罗马人那里继承了巨型穹隆顶结构技术，建于 6 世纪的圣索菲亚大教堂规模最大（图 122），艺术成就也最为瞩目，它是拜占庭建筑最为典型的例子，也是一座跨越了 14 个世纪并且得以保存的拜占庭帝国最为精美的建筑之一。教堂内部巧妙利用帆拱，将三角楔形球面填充在以直角相交的两个相邻的圆券之间的空间内，向上延伸至顶部形成正圆，室内空间层次异常丰富。

“哥特式”一词最原始的含义是“野蛮的”“丑陋的”，它的出现在当时的西方人来看，是一种毫无意义的、离奇古怪的建筑。单从建筑来看，哥特式建筑主要的功能和结构技术没有特别突出与创新之处，但是它的特点非常鲜明，每一座哥特式建筑都强调纵向动势，挺拔高耸，象征宗教能带给人们美好生活的寄托。在结构上，尖拱券架运用普遍，再加上飞扶壁的组合，形成了哥特式建筑最为主要的特征。法国的巴黎圣母院（图 123）、英国的西敏寺修道院、德国的科隆大教堂（图 124）、乌尔姆大教堂和意大利的米兰大教堂等都是典型的哥特式建筑的代表。

122 土耳其伊斯坦布尔，圣索菲亚大教堂，伊西多尔及安提莫斯设计，公元 532 年—公元 537 年

123 法国巴黎，巴黎圣母院，莫里斯德苏利设计，1163—1345 年

124 德国科隆，科隆大教堂，1248—1880 年

122

123

124

125 日本奈良，室生寺金堂，僧人贤憬及徒弟修圆修建，公元 8 世纪

126 日本奈良，室生寺五层塔，僧人贤憬及徒弟修圆修建，公元 8 世纪

127 山西大同，云冈石窟，公元 453—公元 495 年

128 甘肃敦煌，莫高窟，公元 111—1402 年

129 江苏苏州，玄妙观三清殿，276 年

2. 日本地方建筑探索

日本在此时期受中国唐朝和宋朝建筑的影响较大，自飞鸟时代起（中国的魏晋南北朝时期），日本大力发展本国经济，此时的日本建筑依旧以汉代的风格为主，但在装饰和纹饰上有些西域文化的韵味，同时建筑规模小，开始使用具有日本特点的方形拱木斗拱以及云拱。后来的奈良时期，受到隋唐建筑的影响极大，无论是城市的规划还是建筑，都和隋唐时期极为相似。一直到平安时代，日本的建筑都直接受到中国的影响，同时也开始探索日本本土特色，如室生寺（今奈良）的金堂（图 125）和五层塔（图 126）都有着明显的日本本土化后的地方特点。

3. 中国传统建筑发展

纵观整个中世纪，这是中国时间跨度最大、最为繁盛的一个时期。魏晋南北朝时期的城市规划随着佛教的传入而大兴建造佛寺，中国古代建筑基本完成了建筑结构由土木混合结构向全木架结构的演变。这一演变的完成，带来了室内空间格局以及空间处理手法的灵活变化。在建筑形式上，魏晋南北朝是汉风衰竭、唐风酝酿的过程，这一时期石材是中国建筑最常用的建筑材料，除了常见的佛寺以外，还有大量的石窟在此时出现，如山西大同云冈石窟（图 127）、甘肃敦煌莫高窟（图 128）、河南洛阳龙门石窟以及甘肃天水麦积山石窟等。

隋唐五代期间，不仅形成了规模庞大的城市，还建造了大量宏伟的宫殿以及寺庙，木构建筑的设计在当时已达到模数化的成熟度。原有的传统土木结构日渐衰竭，但是在一般的居民建筑结构中，依旧还是以土墙结构为主。在单体的建筑形式上，隋唐时期承接了南北朝所形成的独特风格，形成了豪放华丽的唐风，艺术处理上更为繁华与细腻，屋顶形式更是出现了庑殿顶、歇山顶、悬山顶以及攒尖顶等中国传统建筑的经典样式，现今保存比较完好的是山西五台山南禅寺正殿以及佛光寺。

宋代的经济延续了唐朝的繁盛，尤其是商业的发展，宋代的城市规划已经相当成熟，娱乐场所以及商业建筑得到空前发展。宋代的建筑放弃了原有的磅礴大气的唐风，更加趋向精练而富于细腻变化的风格，在建筑营造技术上有了更加严格的标准。据《营造法式》记载，在唐代已经出现的四种主要构架形式在宋代已经形成了规格化和模数化，建筑的标准化达到一定的水平，更有南方所保留的穿斗式构架以及将两种构架相结合的建筑式样。目前遗留至今的宋、辽、金时期的建筑主要都是以宗教建筑为主，如北宋的山西太原晋祠圣母殿，南宋的苏州玄妙观三清殿（图 129），辽代的河北独乐寺、义县奉国寺大殿，金代的山西五台山佛光寺文殊殿等。

元朝由于是蒙古族建立的王朝，因此文化上更加具有少数民族风格，形成了汉族与蒙古族文化相互结合的建筑特征，在原有的汉式建筑的基础上加入了一些蒙古族式的帐幕形态。同时，由于忽必烈对佛教的推崇，许多佛教建筑得以

保存，元朝对外扩张打通了东亚与欧洲的陆上通道，欧洲等国家的文化相继流入，呈现出宫殿、佛寺、蒙古帐殿、伊斯兰式建筑和基督教建筑并存的状态。在建筑结构上，元代的建筑结构主要应用砖拱券结构，如五台山的砖砌喇嘛庙。目前可见的元代建筑仅剩下山西永乐宫三清殿和纯阳殿、曲阳北岳庙大殿（图130）以及北京文庙大门等。

130 河北保定，曲阳北岳庙大殿，始建于公元500—公元512年

131 土耳其伊斯坦布尔，圣索菲亚大教堂室内，伊西多尔及安提莫斯设计，公元532—公元537年

三、室内设计发展

1. 哥特风格室内设计

中世纪时期的欧洲建筑室内普遍以简洁的内部结构加上各种类型的壁画、马赛克镶嵌画和玫瑰玻璃窗作为装饰，内部善于利用自然光线营造神秘气氛，而中国此时期的建筑室内则利用繁琐的花纹及雕刻、壁画以及雕像等作为主要装饰内容。

拜占庭式建筑的典范圣索菲亚大教堂（图131），其空间结构利用了集中式穹顶建筑与巴西利卡式建筑空间的完美结合，在方形平台上覆盖圆形穹顶，形成了别具风采的圆顶，在环形屋顶的中央有40多个拱形的小天窗，创造了以帆拱上的穹顶为中心的复杂拱券结构平衡体系。内外部的装饰有着强烈的反差，外部装饰粗糙，内部装饰却细致华丽。整个教堂内部的色调以黑色为主，顶部则使用金色，将十字架和圣像很好地衬托出来。采用拜占庭工艺制作的陶瓷锦砖饰面和石雕细部斑斓闪烁，光的变化与材质的反射表面形成的灵动变幻构成了圣洁神秘的宗教空间氛围。

伫立在威尼斯市中心的圣马可教堂，采用五个穹顶来覆盖其下的希腊十字架平面空间。按照教会举行仪式的规定，圣马可大教堂将西立面作为主立面，内部空间因教堂形制发展变化呈现不同的空间氛围。早期基督教时期的教堂采用轻巧的木屋架，再加上高侧窗的采光，其内部开阔敞亮，体现教廷强调人人平等的愿望。到中世纪时期，教堂多采用古典罗马式券柱结构，以坚固敦厚、牢不可破的形象显示教会的权威。内部侧廊为了结构需要，减小了中厅的高差，教堂逐渐失去侧高窗，从室内来看，唯一能够射进光线的地方就是置于屋顶的高层建筑。

法国是哥特式建筑的发源地，其尖拱券结构的风格主要有13世纪中期发展起来的“辐射式风格”，还有在前者的基础上发展起来的“火焰式风格”。法国哥特式建筑以教堂为主，教堂内部最重要的色彩要素来自着色玻璃制作而成的玫瑰花窗，其技术是将通过添加不同的着色剂获得的复合颜色溶解在玻璃中，吹制或浇注成小块规格。为了制造更大的玫瑰花窗，匠人用H形铅条将小块的玻璃拼装起来，从而形成强烈明快的色彩感受。玻璃上的画像描绘的主要是宗教传说和故事，也有各种斑斓的花纹。彩色玫瑰窗的出现是哥特式建筑的重要

小贴士

“辐射式风格”的哥特式建筑主要是典型的尖拱券结构，而“火焰式风格”的哥特式建筑是在“辐射式风格”的基础上发展起来的，主要区别在于该建筑形式走向奢华阶段，以曲卷的线条做成花隔窗。

标志，彩色玻璃画上的圣像与圣经形象成为教堂说教的一种重要方法。巴黎圣母院（图 132）以及圣丹尼斯修道院（图 133）是法国哥特式建筑的代表。

英国哥特式建筑大多拥有两组侧翼，平面形式为“干”字形，内部空间更加规则，如英国的剑桥皇家学院小礼拜堂以及西敏寺修道院（图 134）。而德国哥特式教堂很早就形成自己的形制和特点，它的中厅和侧厅高度相同，既无高侧窗，也无飞扶壁，完全靠侧厅外墙瘦高的窗户采光。拱顶上面再加一层整体的陡坡屋面，内部是一个多柱大厅。另有一种只在教堂正面建一座很高钟塔的哥特式教堂，典型的实例是乌尔姆大教堂（图 135），它的钟塔高达 161 米，控制着整个建筑构图。意大利哥特式建筑则在原来的哥特式建筑上，更加注重室内的装饰，并且内部构造仍然保留早先的木结构平屋顶形式，如圣十字教堂（图 136），室内仍然保留着古典建筑的平面和传统的布置。

132 法国巴黎，巴黎圣母院，莫里斯德苏利设计，1163—1345 年

133 法国巴黎，圣丹尼斯修道院，1135—1144 年

134 英国伦敦，威斯敏斯特教堂（西敏寺修道院），始建于公元 960 年

135 德国巴登，乌尔姆大教堂，公元 11 世纪—公元 13 世纪

136 意大利佛罗伦萨，圣十字大教堂，阿莫尔福 · 迪坎比奥设计，1294—1442 年

132

133

136

134

135

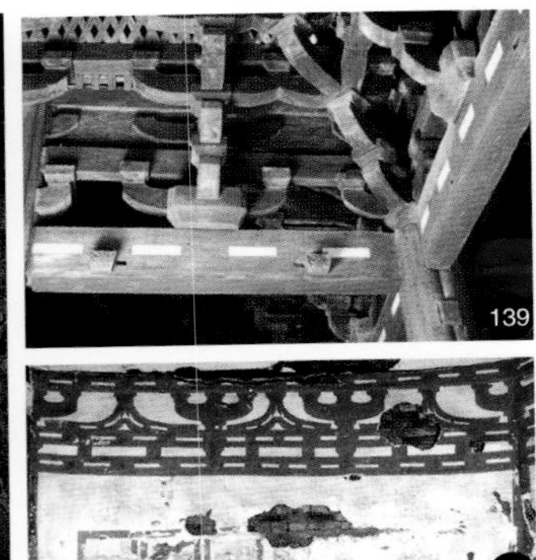

2. 日本传统室内设计

在6世纪后半期，随着中国佛寺和造寺工匠的相继流入，日本在飞鸟时代开始兴建佛寺。日本现存的具有飞鸟时代风格的建筑遗物有奈良法隆寺（图137），建筑在一定程度上反映着当时中国魏晋南北朝时期的全木构架结构。而到了奈良时代，日本与我国唐朝的文化交流更加密切，现存的奈良前期最为重要的建筑遗物是奈良药师寺东塔和奈良海龙王寺西金堂。和中国现存的唐代五台山南禅寺和佛光寺大殿的模数相比，飞鸟时代的建筑以一层柱高为扩大模数的设计特点，在奈良时代前期仍保留下来。从奈良时代到平安时代，日本建筑及室内的发展在设计理念上的变化都不是很大，在布局上从模仿中国到后来具有自身建筑风格布局特色，在室内空间上的建筑细节、功能和比例都有了较大的演变和发展。到了平安时代，建筑及室内布局基本采用因地制宜的自由布局方式，不再受限于对称手法，空间上的使用率更高。在室内的装饰上除去繁琐的手法，更多的是精巧和素雅的风格，然而，建筑及室内各部分的比例要求却从简洁到复杂。

137 日本奈良，（左）奈良法隆寺东大门天井，（右）法隆寺金堂内，圣德太子建造，始建于公元607年

138 甘肃敦煌，莫高窟第254窟，公元111—公元1402年

139 浙江宁波，北宋保国寺大殿，公元1013年

140 武惠妃敬陵墓室壁画的双层阑额，唐开元年间

3. 中国传统室内设计

魏晋南北朝时期，为了保持室内的干爽、通风，中国传统的建筑室内常常会完全暴露屋顶的构造，同时加上一定的装饰，在达到修饰美观的同时，又起到保护的作用，这种做法被称为“彻上明造”，在魏晋南北朝时期很常见，北魏时期的甘肃敦煌莫高窟的第254窟（图138）当中的人字坡顶棚还留存有仿木结构的彻上明造。其中一种装饰形式是梁袱彩画，魏晋南北朝时期的彩画装饰比较统一的方法是采用《营造法式》中的“七朱八白”的做法，这种装饰手法也被称为梁袱彩画，在北宋宁波保国寺大殿（图139）以及开元武惠妃敬陵墓室壁画的双层阑额（图140）中都有所体现。

根据史书记载，魏晋南北朝时期的楹柱色彩以略胜于朱红为主，但在文献中多以“紫柱”相称。柱子的造型则以圆形、方形或八角形为主，同时期柱子

小贴士

“彻上明造”是为了避免屋顶木构架损坏而让屋顶的结构完全暴露，再加以点缀装饰，以保证干爽和通风的一种建筑手法，多用于中国南方。

“七朱八白”是宋代《营造法式》彩画制度中丹粉刷饰屋舍的方法之一，就是把阑额的立面广分为五份或七份，各取居中的一份刷白，然后长向均匀地分成八等份。

细部的刻画也非常丰富，在敦煌莫高窟、云冈石窟和龙门石窟等北魏石窟中的佛龛两侧都可以发现这种佛帐龛帐柱，后来随着时间的慢慢推移，这种柱式和建筑相结合，形成了建筑中特有的结构柱的装饰。

隋唐时期的建筑多以全木构结构为主，贵族住宅的布局则以廊院制居多，利用回廊围合的形式组成合院。至今中国保存较好的唐代木构建筑是山西五台山佛光寺东大殿（图 141）以及其殿堂形构架（图 142），大殿的内部结构简洁，内柱一周，内柱的四层华拱，全部不用横拱，并且殿内还保留著名的斗拱形制——“双杪双下昂偷心造七铺作”（图 143）。隋唐时期室内的墙壁多以白色的粉刷抹面手法为主，同时承接了魏晋南北朝时期利用织物饰壁的做法，题材上则开始流行经变画，世俗生活的内容在这里得到了更加丰富的体现。唐朝时期的门窗类型丰富，主要以直棂门、闪电门为主，在李思训的传世之作《江帆楼阁图》（图 144）中所表现的正是常见的直棂格子门。

宋、辽、金时期灰土地面由于经济实用而被广泛使用，同时这个时期的陶砖烧制技术发达，一些富贵人家当中也有使用釉砖或陶砖铺地，在四川省博物馆中珍藏的南宋《柳枝观音图》中就有所表现，这个时期的富贵人家也会使用地衣，也就是地毯来装饰地面。

随着木构架建筑的不断发展，宋代的建筑墙体大致有两种，分别是夯土和木构两大类型，北方气候寒冷而使用夯土，南方则出现四壁皆是木构幕墙的现象。在金代的山西朔州崇福寺弥陀殿（图 145）以及山西稷山金墓所发现的格子门的

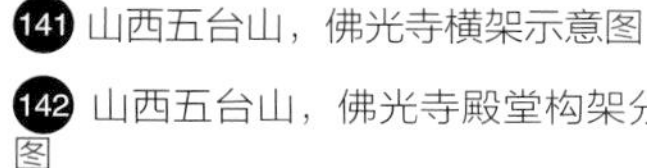

141 山西五台山，佛光寺横架示意图

142 山西五台山，佛光寺殿堂构架分解示意图

143 山西五台山，佛光寺斗拱

144《江帆楼阁图》局部，李思训，唐代

145 山西朔州，崇福寺格子门，公元 665 年

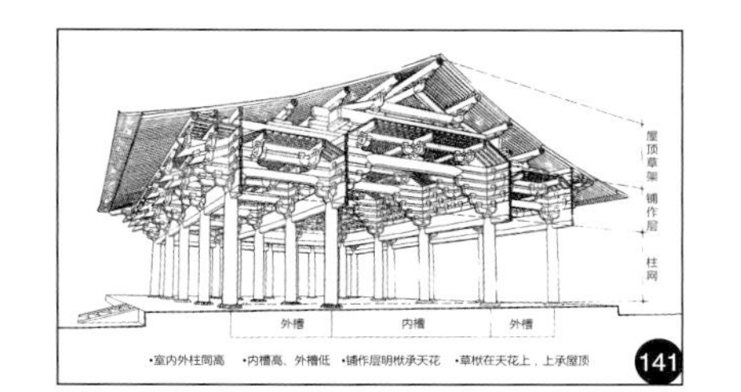

141

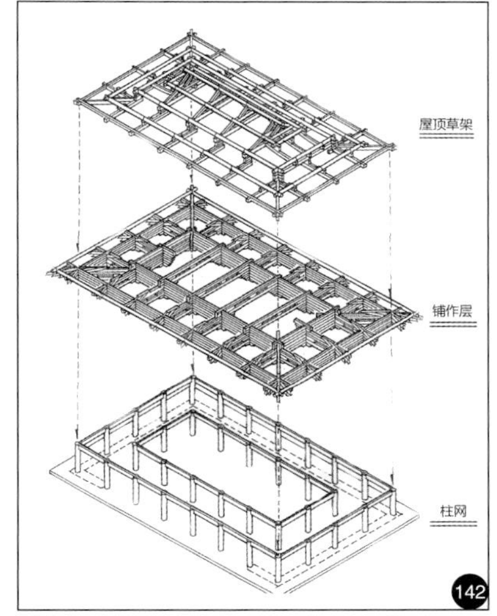

142

143

144

145

木构墙体，格心花纹的样式多样。宋代的室内空间由于格子门木构墙体的出现而获得了新的视觉感受，就室内装饰而言，格子门的格心花纹在兼具通风、采光等实用功能的同时，使室内墙体产生了变化多端的丰富式样。《营造法式》所记的“两明格子”为里外双层结构，朝里的格子可自由拆装，格心中间可夹纱、纸，这种双层格子门保暖效果较好，多于北方建筑中使用，在《营造法式》当中还有关于格子门的具体安装方法，但宋朝的门窗还不仅限于格子门，同时期还有板门、合版软门以及乌头门，这些多样化的门式的出现充分证明了当时小木作技艺的高度成就。

宋代的室内顶棚技术具体分为平綦、斗八藻井和小斗八藻井三个部分。所谓的平綦，就是利用方椽整齐地排列相交形成小方格的网架，再盖上木板。宋代时期的平綦做法已经难以看到全貌，在山西大同华严寺薄伽教藏殿当中的藻井还是能够看出当时的平綦构造。另外一个较为简单的顶棚构造则是平暗，主要是使用木椽做成较小的格眼网骨架，一般都使用土红色，没有木雕花纹的装饰，现存的宋、辽、金时期的平暗顶棚遗构是河北蓟县独乐寺观音阁，观音阁下层和上层都采用了平暗式样的顶棚。斗八藻井和小斗八藻井主要用在大型的殿内，自下而上分为三层，分别为方井层、八角井层和斗八层。在金代的山西应县净土寺大雄宝殿、宋代的宁波保国寺大殿以及山西大同善化寺大雄宝殿中的藻井都是非常典型的代表，藻井的样式十分繁丽精美。其中山西应县净土寺大雄宝殿（图 146）中的藻井最为典型，平面呈正方形，配有混金彩画作为装饰。宋代的浙江宁波保国寺大殿中的藻井则与《营造法式》中的描述最为相像。小斗八藻井与斗八藻井的不同之处在于，结构层数不同，所用的斗拱也不同，具体的小斗八藻井的实例有山西应县佛宫寺释迦塔藻井以及宁波保国寺大殿的藻井等，前者的藻井没有最下层的方井，从而直接可以区分为小斗八藻井。

元代的建筑大多追求穷奢极侈的华丽效果，因此在室内设计上也是如此。在室内装修方面，崇尚白色，广用刺绣，间用雕刻，天花板常常张挂织物，大量使用金箔以及金银来修饰。结构体系主要有两大类，一类为广泛用于游牧民族的毡帐，另一类是都城及其他城市中的木结构建筑。木构建筑工字形殿在这个时期已经定型，狭屋设在后殿两侧也已成惯例。这个时期小木作继承了宋代的传统，因此元代的小木作装修与图样和宋代的较为接近。格子门依旧是大势，在元代，格子门的样式得到了更丰富的发展，组合的形式既可单用也可双用，反映了元代建筑装修的发展特色。北京妙应寺白塔（图 147）是藏传佛教系古塔，是元大都保留至今的重要标志，它既有元代各民族文化融合的特点，又有元代特有的奢侈华丽的风格。尤其是在元代建筑的朱漆板门上，铺以鎏金，再加上朱色与金色装饰的琐文窗，效果甚是华丽。元代期间的顶棚和藻井相较于前期来说，更加的细致繁琐，其中增加了斜拱等异型斗拱，同时还有菱形井、圆井、星状井等，平民住宅多采取蒙古毡帐的形式。

146 山西应县，应县净土寺大雄宝殿藻井，始建于 1124 年

147 北京，妙应寺白塔，1271 年

四、室内陈设艺术发展

1. 中世纪家具

中世纪时期欧洲的家具风格特征体现了上帝与君主统一的精神内涵，象征着皇权的威严。家具的用材以木材为主，同时使用有少量的金属、象牙以及宝石等。坐具的设计在这个时期发生了根本性的变化，在希腊和罗马时期使用的榻一般作用是睡觉和斜躺进餐，后来坐具成为了反映身份的象征，只有出身高贵的人才可以享用座椅，地位卑微的人一般都使用地板上的躺椅。

拜占庭后期出现了仿罗马式家具，主要是以罗马式建筑的连环拱廊作为家具构件和表面装饰的手法，并装饰有古罗马的兽爪、兽头、百合花等纹样，这类家具多形体笨重、形式拘谨。

哥特风格时期的家具出现了与建筑形式紧密结合的样式，哥特式椅子（图148）、哥特式柜子（图149）以及乌尔姆大教堂橡木长凳（图150）等突显了这一特征，高背式的长条椅具有较高的背板，侧边和扶手均为木制材料，座椅下面是箱子，可用于存放物品。

到哥特时期床榻已经完全消失，取而代之的是当时流行的顶盖床，这种床既可以用于就寝，还能作为接见身份高贵的客人的坐具，豪华的顶盖床在这个时期一般只有主人能够使用，佣人的床都极为简单，甚至大多数还睡在垫子和桌子上。

2. 中世纪壁画

中世纪时期的壁画主要存在于教堂之中，拜占庭时期的意大利圣维达尔教堂（图151）以及意大利圣马可大教堂中所展示的马赛克镶嵌画（图152），都显得熠熠生辉。镶嵌画不仅色彩鲜艳、装饰性强，而且也具有教化功能，向大部分无阅读能力的百姓展示教堂的历史。

148 哥特式椅子，公元10世纪—12世纪

149 哥特式柜子，公元10世纪—12世纪

150 乌尔姆大教堂橡木长凳，1469—1474年

151 意大利拉韦纳，圣维达尔教堂室内皇后奥多拉和侍从的马赛克镶嵌画，约公元547年

152 意大利威尼斯，圣马可大教堂，始建于公元829年

在哥特式教堂中，壁画的作用凸显，后来彩色玻璃画（图 153）取代了壁画，在一年四季的交替中，光线透过玻璃射入室内，给空间提供了非常丰富的视觉效果。彩色玻璃画在一些早期的基督教建筑和拜占庭建筑中已有广泛使用。中世纪欧洲教堂中出现最多的是彩色玫瑰窗，最为华丽的玫瑰窗当属法国巴黎圣母院的玫瑰花窗（图 154），它通常被认为是哥特式教堂的标志性细节，效果华丽而生动，其中叶形窗花格是比较典型的哥特式设计。玫瑰玻璃窗是属于中世纪的玻璃工艺，这个时期的玻璃工艺和宗教紧密联系，主要受到拜占庭镶嵌画的影响，整体颜色虽然有红蓝紫三种，但是色调十分统一，并带有一种朦胧的神秘感。

小贴士

“錾花”：通过锤击具有各种基本图形的錾子，以达到在金属表面呈现凹凸花纹的一种工艺。与镌刻和雕刻不同的是，錾花的制作仅从正面敲击金属首饰而不会浪费材料，同时还能从背面敲击做成浮花制品。

3. 金属工艺及其他

此时欧洲的金属工艺相当发达，金属制作的技法虽然还是以传统的“錾花”和“收挑”为主，但是其技艺愈加精湛。中世纪的金属工艺种类主要有圣遗物箱、十字架、圣书函和教堂使用的各种器皿。比较常见的圣遗物箱（图 155）是用来安放基督教圣者遗物或骸骨的容器，主要造型分别有建筑物、人物形和动物形。在建筑和室内的装饰中也常常使用金属材料，常以缠枝纹、小花纹、星形纹为主。

中世纪时期室内常用于摆设的象牙工艺表现出极高的工艺水平。不少作坊会直接受到宫廷和教会的限制，因此单纯的象牙工艺品是很罕见的。象牙工艺的装饰题材最初以东方艺术为主，多是一些花鸟纹和几何纹样，后期则是以宗教故事和宗教人物为主。

153 德国科隆，科隆大教堂彩色玻璃画，1248—1880 年

154 法国巴黎，巴黎圣母院彩色玻璃窗，莫里斯德苏利设计，1163—1345 年

155 圣遗物箱，公元 8 世纪

156《洛神赋图》局部，顾恺之，东晋

157 击鼓说唱俑，东汉

158 燕尾翘头案，唐朝

159《执扇仕女图》，周昉，唐朝

160《女史箴图》，顾恺之，东晋

161 三彩柜，唐朝

162 甘肃敦煌，莫高窟壁画，公元 111—1402 年

4. 中国传统家具陈设

中国的魏晋南北朝时期是封建社会历史上大动荡、大分裂持续最久的时期，不断的改朝换代促使这个时期的家具也带有各民族融合的痕迹，此时的家具以胡椅、胡床、矮椅、矮方凳、矮圆凳为主。根据《世说新语》的描述，佛教从根本上动摇了儒学的正统地位，高型家具开始出现，但只在贵族和僧侣中流行。云冈石窟的洞窟壁画中可见菩萨的方形坐凳以及靠背扶手椅等家具。同时期的竹制、藤编家具则给中国家具增添了审美趣味。

随着佛教文化的深入，人们的生活起居也大有不同，由东晋画家顾恺之的作品《洛神赋图》（图 156）可见，凳类家具得以发展，大致可以分为腰鼓形和方形两类，床上还出现了倚靠使用的长几和半圆形凭几。而在西安西郊唐墓出土的东汉时期彩陶击鼓说唱俑（图 157）中陶俑所坐的家具是四腿八挓小凳，还有一种圆凳，圆形坐面，下有凳腿，同时期还出现了一种新的平面呈半圆形、被称为“月样杌子”的垂足坐具。

隋唐时期审美风气改变，高型家具占据主流，越来越多家具是为了垂足而设计，同时家具装饰减少，应用框架式结构，显得挺拔、简明、清风秀骨。须弥座整体结构盛行，是一种束腰形态的家具，后期还出现了筌蹄，这是一种类似腰鼓的高型坐具，使用藤或草编织而成。唐朝的银香案（燕尾翘头案）（图 158），可用于坐在床上或地上书写，“伏案疾书”中的“案”指的就是这种。晚唐时期的新兴家具——圈椅，极其罕见，造型古拙，《执扇仕女图》（图 159）当中有较为具体的圈椅造型。这个时期的卧具依旧以床和炕为主，最有代表性的是壶门床（图 160），壶门床是隋唐家具的代表类型，作为一种高级床具，床框厚实，下部托泥轻巧，造型很有韵味。

163

164

165

衣柜和书架方面，从西安王家坟唐墓出土的三彩柜（图 161）中能够充分看出隋唐时期衣柜和书架的形式，它和唐朝著名的唐三彩的样式十分相像。

163 辽宁义县奉国寺大殿五彩便装平綦，始建于 1020 年

164《重屏会棋图》，周文矩，五代南唐

165《秋窗读易图》局部，刘松年，南宋

166 唐三彩

5. 壁画、藻井、屏风及其他陈设

中国在这个时期，无论是南方还是北方的室内装饰壁画题材及表现的水平（图 162）都有较大提高，色彩也更丰富，尤其是石窟内的壁画。这些石窟壁画的题材主要有六种，分别为佛像图、经变图、佛教史迹图和瑞像图、佛经故事图以及供养人画像，其中最多的是大场面的说法图和简单的经变图。

从敦煌初期的窟檐内保留的彩画风格来看，装饰纹样上主要采用联珠束莲纹，南北朝时期壁画中出现的佛像、云朵的晕染手法在唐代发展为叠晕的手法，同时还发展了堆泥贴金的技法。宋代的彩画则有着严格的等级制度要求，其中五彩便装规格最高，其次，叠晕和解绿装为中等要求，最低档的类型是刷饰，在山西大同华严寺薄伽寺教藏殿的平綦则为解绿装，义县的奉国寺大殿（图 163）的梁方处则是最高等级的五彩便装形式。

中国传统建筑室内空间陈设在纵向上的组织和调节主要依靠藻井和顶棚，而在水平的布局上的组织和分隔则主要以屏风（图 164）、帷幄以及帷幔为主，在甘肃武威旱滩汉墓出土了木制的座屏，而围屏的使用率在魏晋南北朝时期也逐渐增高，一般都以三面围合的形式，使其空间的闭合性更强，如大同司马金龙墓北魏屏风画中所表现的屏风已经具有折叠和启闭的功能。

小贴士

“五彩便装”：“五彩便装”是彩画样式中的一种，利用青、绿、朱三色为主色调，外缘采用同样的三色叠晕，再以五彩花纹或锦纹修饰枋心。

由于建筑开始走向无承重实墙的形式，小木作技艺开始被大量用于室内空间的分隔，逐渐取代传统的帷幕帷幔的手法，而此时期用于室内空间分隔的主要手法有“截间格子”“截间版障”以及“照壁屏风”。在南宋时期的《秋窗读易图》（图 165）中就可以看到截间格子的面貌。

这个时期的陶瓷也得到了很大的发展，从种类上来看，陶瓷可分为青瓷、白瓷、唐三彩三类。唐三彩（图 166）是唐代低温铅质彩釉陶器的概称，有绿、蓝、赭三色。同时唐代的瓷器较之前有较大的发展，花鸟题材不断增多，加之纹饰精美，畅销国内，远销海外，成为此时室内陈设的主要摆件。

课堂思考

1. 通过本章的学习，总结出中世纪时期欧洲国家与中国室内风格演变的共同点以及不同点？
2. 中国古代建筑室内天棚上的藻井装饰有什么作用？
3. 欧洲的哥特式建筑和拜占庭建筑的区别是什么？

Chapter 5

文艺复兴时期

学习目标

学习文艺复兴时期欧洲、美洲、东南亚、中国和日本等地区的建筑、室内以及室内陈设等方面的历史发展和设计风格特色；了解地域装饰特征差异。

学习重点

1. 了解欧洲及中国此阶段室内装饰设计的演变特点。
2. 了解文艺复兴的历史背景以及该时期在建筑及室内设计方面的突破。

文艺复兴时期大约处于 14 世纪末到 16 世纪末期间，是欧洲历史上文学艺术发展的重要时期。在同一时间段，美洲产生了玛雅文明（4—16 世纪）、阿兹特克文明（12—16 世纪）和印加文明（15 世纪中—1525 年）；印度在 13—16 世纪期间进入伊斯兰教统治时期；日本处于镰仓、室町（12 世纪末—16 世纪中叶）时代和文化变革的桃山、江户时代（16 世纪中叶—19 世纪中叶）。中国此时处于明（1368—1640 年）清（清早期 1616—1911 年）时期，也是我国经济文化发展的又一高峰时段。

一、概述

1. 意大利

源于 14 世纪末意大利的文艺复兴运动，揭开了现代欧洲历史的序幕，为人类通向现代世界开辟了道路。相对于中世纪思想的禁锢，文艺复兴更强调人文主义精神，其核心是提出以人为中心而不是以神为中心，肯定人的价值和尊严。在建筑、室内、雕塑、绘画等领域，云集了一批以伯鲁乃列斯基、米开朗基罗、达·芬奇为代表的艺术大师，创作出一系列显赫作品。

2. 中美洲

古代中美洲是连接北美与南美西海岸的地峡，是古代文化的发源地之一。公元前 2000 多年，中美洲有许多土著部落建立起了农业国，较为突出的有玛雅人、托尔特克人和阿兹特克人所建立的国家，12 世纪左右又在南美洲西部出现了印加人的国家。15 世纪末，西欧殖民者侵入前，美洲的历史基本独立发展。

小贴士

文艺复兴：盛行于 14 世纪到 17 世纪的一场欧洲思想文化运动。文艺复兴最先在意大利各城市兴起，以后扩展到西欧各国，于 16 世纪达到顶峰，带来一段科学与艺术的革命，揭开了近代欧洲历史的序幕，被认为是中古时代和近代的分界。文艺复兴是西欧近代三大思想解放运动（文艺复兴、宗教改革与启蒙运动）之一。

3. 印度

印度古代文明发源于印度河与恒河周围地区，土著居民达罗毗荼人创造了印度古代灿烂的“哈拉帕文化”。印度是佛教和婆罗门教的发源地，13 世纪受伊斯兰文化的影响，建筑与室内风格更趋向于抽象化。此时，印度教和佛教传入东南亚并对当地建筑造成极大影响。

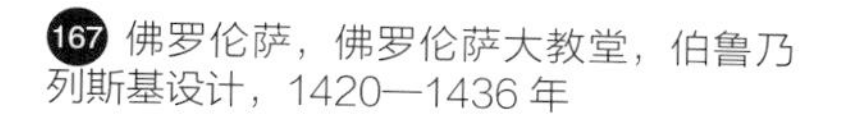

167 佛罗伦萨，佛罗伦萨大教堂，伯鲁乃列斯基设计，1420—1436 年

168 佛罗伦萨，巴齐家族礼拜堂，伯鲁乃列斯基设计，1420 年

169 墨西哥，奇琴伊察城堡，约 1000—1200 年

4. 日本

日本在这一时期主要处于桃山、江户时代。桃山时代的文化特点是佛教影响的减弱，世俗性和现实性的突出，日本风格的建筑和室内设计自成特色，西洋文化开始在日本传播。

5. 明清时期

明清是我国封建社会末期，经历了由盛到衰的过程。明清两代初期，在政治上和经济上都推行了一系列休养生息的措施以巩固统治，中期达到繁盛，从明中后期资本主义萌芽出现到康乾盛世，建筑业得到快速发展。

二、 建筑发展概况

1. 文艺复兴建筑的特点

建筑领域中的文艺复兴，指的是建筑形式上的复兴与建筑主体上的复兴。这一时期，建筑设计通常采用具有人文主义内涵的装饰题材和符合古典审美趣味的表现形式。建筑设计中大量引用古代希腊、罗马时期的各种柱式及装饰样式，同时强调以对称和均衡为基本原理进行构思（图 167）。体现在建筑物外观上，则呈现出简洁明快的直线形式，特别强调建筑细节上垂直和水平的对应关系，同时运用附加水平凸线的方式划分各层次；在门窗及出入口部分，通常采用水平线、垂直线、圆弧形、三角形等几何形式设计，而整个建筑的正立面，则要求具备对称效果（图 168）。

167

168

2. 美洲建筑的发展

美洲原始艺术流传最广的是玛雅文化，著名的有玛雅建筑。玛雅人的建筑特点强调宗教建筑物的庄严性，通常是在台基上建造神庙，玛雅金字塔就是在这些台基上发展起来的典型形态（图 169）。坐落于危地马拉的佩腾省蒂卡尔，曾经是玛雅文明中最大的遗弃都市，也是玛雅文化的中心，城中央是祭祀和统治中心。

169

玛雅人根据地势筑成高台，其中有几处是宏伟的金字塔式的神庙（图 170），这些建筑多是用以向众神礼拜或祭祀。此外还有巨大的宫殿、广场和供娱乐用的球场，目前至少有 80 个主要玛雅遗迹仍点缀着中美洲的风景。玛雅城邦留下了大量宏伟的石建筑、石廊柱、石碑、石拱、石梯道和金字塔庙宇遗址。

3. 印度建筑的发展

至 16 世纪中叶，信奉伊斯兰教的莫卧儿王朝统一了印度大部分地区，伊斯兰教建筑在印度的发展也达到了鼎盛。这一时期的建筑受到波斯文化的影响，也受到印度更早的伊斯兰教文化的影响，特征突出。始建于 1644 年的贾玛清真寺（图 171），其外观为洋葱形建筑圆顶，两侧分别矗立的高耸宣礼塔，成为伊斯兰建筑主要风格形式的代表。

4. 日本建筑的发展

从镰仓幕府时代（1185—1335 年）到室町幕府时代（1335—1576 年），日本地方势力兴起，各类型建筑如宫殿、神社、佛寺、府邸等逐渐在全国各地兴建。此时，建筑形式一方面受中国的影响，同时开始形成自己的风格（图 172），形成了一种地上铺满榻榻米，顶棚有装修，有角柱、高地搁板与书院的固定建筑样式，即书院造建筑。到了桃山时代，日本既有文化开始真正迈向近世文化，形成了以城郭建筑为代表的宏伟的建筑群，并形成了真正的书院造建筑。

5. 明清时期建筑及园林的发展

我国古代建筑史上的最后高潮出现在元、明、清三朝。明清时期经济的繁荣促进了建筑艺术发展的高潮。明代立国近 300 年，社会稳定，营造技艺大为进步，确定了梁柱直接交搭的结构方式，南、北两京及宫殿建造技艺成熟。在建筑群体布局方面，较之宋代更为成熟、合理，更加注重建筑空间的艺术性（图 173）。明清时期兴建帝王苑囿与私家园林，成为中国历史上的一个造园高潮。明清两代距今最近，许多建筑佳作得以保留至今，如京城的宫殿、坛庙，京郊的园林，两朝的帝陵，江南的园林，遍及全国的佛教寺塔、道教宫观及民间住居、城垣建筑等，构成了中国古代建筑史的光辉华章。

170 危地马拉，蒂卡尔神庙遗址，约公元 250—900 年

171 德里，贾玛清真寺，马扎 · 阿里汗，约 1840 年

172 京都，桂离宫，1620—1646 年

173 北京，故宫紫禁城，1406—1420 年

174 佛罗伦萨，达芬查蒂府邸，14 世纪 90 年代

175 佛罗伦萨，圣洛伦佐教堂老收藏室，伯鲁乃列斯基设计，1421—1428 年

三、室内设计发展

文艺复兴时期，以意大利地区为主的室内设计风格受到古典先例新要求的强烈影响，装饰较多采用古代罗马的艺术手法，并用大理石、马赛克、琉璃瓦或嵌木拼花地板等铺装而成。墙体则采用半露柱、圆柱、水平凸线等构成，室内墙面平整整洁，通常是以绘画、雕刻为装饰，色彩常呈中性或画有图案，重要房间的墙面则覆盖壁画或完全用挂毯装饰。这时期，天花板已从屋顶结构中分离出来，一般设计为木架构施灰泥的平顶棚、四周凹圆顶棚或穹隆式圆顶棚，这些天花板上大多装饰精美豪华的绘画和雕刻，强调梁框结构，点缀绚丽色彩，墙面装饰壁画和雕塑，壁炉和家具等陈设讲究。

1. 早期文艺复兴（15 世纪）

早在 14 世纪后半叶，佛罗伦萨就已出现了文艺复兴建筑与室内设计的萌芽。此时，除了教堂，府邸、市政厅以及各种公共建筑在内的多种建筑活动日趋繁荣，早期建筑探索古典式样的实践影响到室内装饰。在达芬查蒂府邸内（图 174），古典主义品质的新意识痕迹可以从具体装饰中体现：许多房间都铺砌着漂亮的几何花砖，带木架的顶棚进行了精心装饰，墙面装饰精美壁画，檐壁层以及上部画成立体的拱廊样式，壁炉外带着丰富的壁炉框。在玻璃窗和墙面上的部分图案中还能看到中世纪风格，但在空间中已大为简化。房间家具布置简洁、朴素，与中世纪的室内繁琐形成直观对比。

文艺复兴早期第一位重要的建筑设计师是伯鲁乃列斯基(1377—1446年),在圣洛伦佐教堂老收藏室(图175)里,在正对墙面的中央设置了一个凹室空间,并布置成圣坛。室内布置着古典科林斯柱式,用壁柱巧妙处理了墙体转角。最初,室内色彩限于灰白两色,在1430年,由多纳泰罗所做的改建则采用了蓝白两色的浅浮雕板块。

房门精确再现了古罗马房门的样式。在圣克罗切教堂巴齐礼拜堂(图176)里,空间对称布局,大量采用古典时期的罗马元素。放在帆拱上的穹顶覆盖在正方形空间上,室内空间向两侧延伸形成筒拱形的两翼空间,巧妙地将正方形平面布局转化为矩形布局。内部和外部都由柱式控制,力求轻快和雅洁、简练、清晰。方圆对比、虚实对比、平面与立体对比,形象丰富,各部分、各因素关系和谐,有统率全局的中心,形象独立完整,风格平易近人。

由米开罗佐设计的美第奇-吕卡第府邸(图177),带有中世纪建筑的厚重特征。在整齐匀称的内院中展现的是文艺复兴时期古典形式在半圆拱券运用方面的典范,拱券直接落在纤细的科林斯式柱子上,柱子形成的连廊环绕着严格对称的空间布置。室内装饰简洁,顶上有格子形状的木饰顶,带有古典细部的木框门和壁炉,墙面装饰有壁画,严谨、匀称、厚重。

176 佛罗伦萨,巴齐礼拜堂,伯鲁乃列斯基设计,1429—1461年

177 佛罗伦萨,美第奇-吕卡第府邸,米开罗佐设计,1444年

178 曼图亚,圣安德烈教堂,阿尔伯蒂设计,1471年

176

177

178

179 米兰，圣塞提洛教堂，伯拉孟特设计，1476 年

180 罗马，蒙托里奥地段的圣彼得修道院内，坦比哀多礼拜堂，伯拉孟特设计，1502 年

181 乌尔比诺，公爵府书房，约 1470 年

理论家阿尔伯蒂（1404—1472 年）的著作《论建筑》于 1485 年出版，对早期文艺复兴向盛期转变产生了深远影响。论著阐明了古典柱式应用的系统性方法，建立了“和谐”的美学观。在其设计的圣安德烈教堂（图 178）中体现的是成熟的十字形布局，巨大的壁柱取代了独立柱子形式，室内外墙面体现简单比例的运用和整数比例关系。教堂建筑和室内体现出阿尔伯蒂对于古罗马大浴场空间的模仿。

2. 盛期文艺复兴（16 世纪中叶）

自 16 世纪开始，艺术重心逐渐从佛罗伦萨转移到罗马，以伯拉孟特为首的设计师在罗马完成了一批重要的设计作品，标志着文艺复兴盛期的成就。伯拉孟特将古罗马建筑语言转化为文艺复兴的建筑语言。在早期的圣塞提洛教堂（图 179）改造设计中，伯拉孟特采用了早期文艺复兴的惯用手法进行了重新改造。因为地理位置所限，他运用视觉透视原理，用墙面绘制的办法解决了教堂内没有圣坛位置的尴尬，使得教堂内部空间在视觉上完成了十字形平面布局。

1499 年移居罗马后，伯拉孟特开始了坦比哀多礼拜堂（图 180）的设计。这座建筑的形式，特别是其以高踞于鼓座之上的穹顶统帅整体的集中式形制在欧洲是前所未有的大幅度创新，也被誉为盛期文艺复兴的第一件标志性作品。

在劳拉纳（约 1420—1479 年）设计的乌尔比诺公爵府书房（图 181）中，室内镶嵌着细木镶饰，采用全镶板装修和彩画顶棚，墙体下部为绘制的透雕方格、窗花格镶板组成的透视画面。环房间上部的彩画镶板上绘有公爵及其儿子，以及 28 位古今人物。设计师主要采用透视研究和绘画技艺达到逼真空间效果，反映了文艺复兴盛期的重要室内装饰特点和设计师对透视学的研究程度。

小贴士

风格主义（Mannerism）又称为矫饰主义，兴起于文艺复兴盛期末，止于 1590 年前后巴洛克风格的兴起。常被冠以“造作”“怪异”“匠气”的形容，虽带有贬义并迅速终结，但仍然具有独立形式的风格特征。

3. 晚期文艺复兴（16 世纪下半叶）

从 16 世纪中叶开始，古典元素作为建筑和室内的主要设计手法已逐步稳定并形成定式。室内设计追求宁静和朴素，罗马柱式及其运用方式成为标准设计规范，甚至形成过度束缚，一些艺术家和设计师们试图在绘画和设计方面尝试突破。绘画上，追求更为复杂多变的构图和夸张的动作与人物形象；设计上，则以反常甚至相悖的方式来制造变化效果。艺术史上，将巴洛克风格形成之前这段晚期文艺复兴时期的潮流称为“风格主义”。

米开朗基罗善于在古典主义形式上进行适当修改，是风格主义的重要代表。圣洛伦佐教堂美第奇礼拜堂（图 182）中，黑灰色石材为主的壁柱和装饰线使室内呈现强烈的韵律形式，其雕塑作品美第奇墓室和《昼与夜》等雕像安放其中，加强了对古典元素的表现力，赋予空间强烈的矫饰主义特征。

在劳伦廷图书馆门厅和楼梯间（图 183）的设计上，米开朗基罗强化了楼梯的地位，四周墙面布满古典装饰元素，并将墙体分隔为三段，内陷的并排装饰柱及下部曲线形牛腿托架加强了纵向效果，墙面的真假窗及多变的山花形态、丰富的窗边压线，凸显了空间的戏剧化氛围。

182 佛罗伦萨，美第奇礼拜堂，米开朗基罗设计，1519—1534 年

183 佛罗伦萨，劳伦廷图书馆，米开朗基罗设计，公元 124 年

184 漫图亚，德尔特府邸，朱利奥·罗马诺设计，1525—1535 年

185 漫图亚，德尔特府邸巨人厅，朱利奥·罗马诺设计，1525—1535 年

182

183

184

185

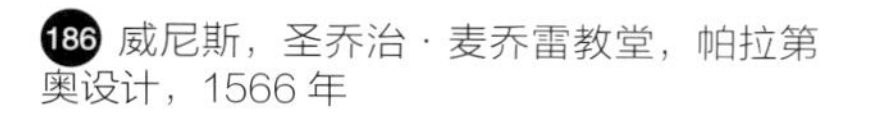

186 威尼斯，圣乔治 · 麦乔雷教堂，帕拉第奥设计，1566 年

187 维琴察，奥林匹克剧院，帕拉第奥设计，1580 年

188 墨西哥，特奥蒂瓦坎古城，7 世纪

189 墨西哥，特奥蒂瓦坎古城，7 世纪

朱利奥 · 罗马诺（1499—1546 年）的风格主义作品更接近于喜剧效果。位于漫图亚的德尔特府邸（图 184）只有一层，房屋环绕着一个中心院子布置，四面墙沿袭古典样式，但又强调不对称的视觉变化，入口门廊强化对古罗马别墅的回忆。一间无窗的房间被称为巨人厅（图 185），四面墙和顶棚上均覆盖着壁画，是罗马诺的壁画代表《巨人的倾倒》，表现的是反抗众神的巨人形象，使人置身于颠覆时空的空间当中。

帕拉第奥（1505—1580 年）是文艺复兴时期重要的建筑师之一，是坚守古典主义的代表。在圣乔治 · 麦乔雷教堂（图 186）中采用了古典语汇。筒拱形中厅开高窗，在十字交叉处有一作窗用的穹顶。各装饰细部严格遵照罗马式建筑元素。在维琴察的奥林匹克剧院（图 187），帕拉第奥试图重新创造一座小规模的、完全封闭的古罗马剧院。半圆形逐级上升的座位上方是古典柱廊，顶棚的仿天空绘画强化室外效果，舞台背后仿建筑墙面以及上部能看到室外街景的处理都是在努力再现古罗马时期的经典。

4. 美洲

在 1519 年科尔特斯率领西班牙殖民者抵达中美地区之前，在现在的墨西哥已经出现了几种高度发展的文明。特奥蒂瓦坎古城（图 188）展现了相继存在的托尔特克人、阿兹特克人和玛雅人的建造水平和审美特点。由于殖民入侵者的破坏，当地的文化痕迹仅存大量废墟。

在特奥蒂瓦坎古城羽蛇神宫殿（图 189）残留的天井处，基本显现当时建筑体的主要结构。在由柱廊围合的天井内，简洁方石柱表面雕刻的浮雕图案，展现了当地族群的图腾崇拜，大致可以看出一些建筑室内装饰的基本特性。

很多玛雅文化遗址存在于墨西哥的尤卡坦半岛，在帕伦克，供奉碑铭的神庙（图 190）位于阶梯状金字塔台基的顶端。神庙室内由一系列房间组成，主要梁体结构还属于简单的石条搭接。内部有一个楼梯通往金字塔底部地下的墓室。

由于很多玛雅构筑物的实际功能不明确，因此，它们的名称多由后人猜测或推测而来。在奇琴伊察发现的战士神庙，金字塔的底部密布了上百根方、圆不等的石柱，由此推断出当时在金字塔周围一般都有由石柱支撑，木材和茅草搭建平顶的房屋。位于战士神庙石柱群中的查克穆尔坐像雕塑（图 191），托着一个圆形的盘或碗，推断出当时在金字塔上举行的祭祀仪式场景应当非常壮观。这件宗教人物石雕用品具有支撑祭祀品的功能。

印加文明是以古代印加人为代表的印第安文明，处于今日的秘鲁地区。印加意指“太阳之子”，印加人的建筑成就主要是利用巨石建造的宏伟宫殿和城堡建筑。建筑会依据地形建造，经过雕琢的石头，不用抹灰，严缝拼合，有些堡垒会建于陡峭山崖，蔚为壮观。

190 墨西哥，帕伦克，供奉碑铭的神庙，8 世纪

191 奇琴伊察，战士神庙的查克穆尔，约 1000—1200 年

192 秘鲁，马丘比丘遗址，约 1500 年

190

192

191

小贴士

马丘比丘：秘鲁著名的前哥伦布时期印加帝国建于约公元 1500 年的遗迹。位于现今秘鲁境内库斯科西北 130 公里处，整个遗址高耸在海拔约 2350 米的山脊上，俯瞰着乌鲁班巴河谷，为热带丛林所包围，也是世界新七大奇迹之一，被称作“失落的印加城市”。

193 墨西哥，墨西哥城主教堂，克劳迪奥·德·阿辛尼格设计，1527—1593 年

194 阿格拉，泰姬陵，1632—1653 年

195 阿格拉，泰姬陵室内细节设计，1632—1653 年

马丘比丘（图 192）古城是古代印加帝国的遗址，位于山峦之巅。古城布局合理，构建精妙，堡垒建筑群沿山坡层级而上，大块花岗岩严密拼接垒筑，体现了印加工匠的精湛技艺。马丘比丘展现了印加时期住宅建筑以单个方形空间为主，有砖坯墙和用茅草做成的屋顶。在砖坯墙里面有凹入的壁龛，用来摆放器皿和其他物品，既有实用功能又有装饰效果。地面铺有动物毛皮和编织的垫子，毛毯和墙帷由色彩艳丽的原料编织而成，体现强烈的地域文化特性。

拉丁美洲包括 30 多个国家和地区，在 15、16 世纪欧洲殖民者大量涌入的背景下，受到印第安文化的影响，以及美洲气候条件、当地材料的限制，这一地区建筑建造逐渐形成自己的特色，建筑及室内设计风格同时也受到了欧洲文艺复兴以及之后巴洛克风格的影响。教堂建筑样式常将巴洛克形式和当地印第安风格融合在一起，具体表现在教堂的入口处和圣坛等重要部位。

墨西哥城主教堂（图 193）是墨西哥最大的天主教堂，沿袭了西班牙文艺复兴和巴洛克风格。教堂主体由两侧高耸的钟楼和中间宽大的主殿构成，其中钟楼高 67 米，主殿宽 110 米。教堂布局呈传统拉丁十字形，并按照哥特式形制建造了一个中殿和两个侧殿。中殿纵深处的大祭坛有典型的文艺复兴时期圆形拱顶，拱顶上有许多装饰华丽的拱架及各种浮雕绘画。在侧殿的小祭坛顶部的穹隆上，镶嵌着各种金银珠宝和华丽的雕饰，半圆形壁龛上布满了精致复杂的雕塑，整个教堂内部富丽堂皇。

5. 印度

伊斯兰教在公元 8 世纪传入印度，公元 11 世纪，早已接受伊斯兰教的突厥人入侵北印度，建立德里苏丹国，至 16 世纪中叶，信奉伊斯兰教的莫卧尔王朝统一了印度大部分地区，伊斯兰建筑及室内装饰风格在印度达到了鼎盛，推动印度建筑的穹顶和券拱技术日益成熟。在室内，中央空间以大型的拱顶作为内部结构，排列的圆齿型券拱柱廊贯穿整个室内外空间，地面以大理石砌筑铺装，墙面复杂的植物图案装饰成为伊斯兰风格的主要特征之一。

建造于1632—1653年的泰姬·玛哈尔陵（图194）平面呈正方形，沿两条轴线对称，四侧都有开口。主体建筑位于北端，正中开有火焰形的拱券门，两侧则开有双层的小拱券门。陵体建筑上面托着主穹顶，四周搭配四个小穹顶，整体用白色大理石建造。内部复杂的空间组合环绕着墓室，室内丰富的几何图案源自于拱券的门洞或洋葱型建筑轮廓的概括，并频繁出现在壁龛上。镶嵌宝石的透雕镀金屏风，其上的植物纹样的运用体现了伊斯兰建筑风格特色，装饰极其精美（图195）。

贾玛清真寺（图196）是印度最大的清真寺，位于旧德里古城东北角，由莫卧尔王朝的贾罕杰大帝下令于1650年开始建造，历时六年时间建成。它是与沙特阿拉伯的麦加大清真寺、埃及开罗的爱资哈尔大清真寺齐名的世界三大清真寺之一。整个寺庙长75.5米，宽24米，面积达到1170平方米。清真寺共有三座宏伟气派的大门，其中东门为帝王专用，修建得壮观华丽，寺顶的三个白色大理石穹形圆顶上，以镀金圆钉和黑色的大理石条带做点缀，圆顶中央的尖塔则为铜质。整个建筑完全没有使用木料，地面、顶棚和墙壁都使用精磨细雕的白石，以铅水灌缝，坚不可摧。寺院所用的石料选材极为严格，颜色配搭讲究，在通体洁白的大理石之中，又杂以黑大理石条纹，黑白相间，优美醒目。寺院四周是红色砂岩墙，地面到大门的30多级宽阔平坦的石阶，以红砂石打造，更衬托出它的宏伟。

小贴士

伊斯兰风格：伊斯兰建筑风格的延续，以东、西方合璧为装饰特征，室内色彩跳跃、对比华丽，表面装饰突出粉画，彩色玻璃面砖镶嵌，门窗用雕花、透雕的板材做栏板，常用石膏浮雕做装饰，具有强烈的地域装饰特征。

196 德里，贾玛清真寺，马扎·阿里汗，约1840年

197 德里，红堡皇宫，始建于1638年

198 德里，红堡皇宫，始建于1638年

199 日本，吉野山吉水神社

200 吉野山吉水神社室内设计

201 京都，桂离宫室内设计，1620—1646 年

红堡皇宫是在杰汉·沙统治下始建于 1638 年的新城的一部分，因大量用红色砂岩建造而得名（图 197、图 198）。主要入口通向一个带拱顶的通道，由此折向公众会见厅。大厅的平顶由许多用白色的灰泥粉饰并画有孔雀等图案的柱子托起，构成许多精巧的大理石拱门。大厅四周金碧辉煌、彩画似锦，地上铺设有织锦饰物、丝绸地毯等装饰品。40 根柱子由带圆齿的拱券连接，大理石墙面上镶嵌有宝石，极其雍容华贵。

小贴士

榻榻米：旧称“叠席”，是用蔺草编织而成，一年四季都铺在地上供人坐或卧的一种家具。榻榻米从盛唐时期传入日本、韩国等地，传至日本后演变成为其传统房间“和室”内铺设地板的材料。早在 16 世纪末，日本社会就以榻榻米作为计量单位分配、修建房屋，一张榻榻米的面积是 1.65 平方米。

6. 日本

在主殿造基础上形成的，16 世纪下半叶成为定式的日本书院造建筑样式造就了日本建筑室内典型的传统装饰风格：房屋外观简朴，粉墙素木，以榻榻米草垫尺度为单位确定建筑开间面积和室内空间划分；室内地板稍高于其他房间，大量采用活动门扇分隔空间，室内色彩凸显原木色和木纹肌理；室外同自然景致的园林相结合，追求自然天成（图 199）。

16 世纪末到 17 世纪初，日本政治经济上的繁荣，造成了建筑及装饰中追求豪华华丽的潮流。这时候的书院造府邸里，顶棚上画着程式化的彩画，障壁上，包括床、棚以及帐构在内，画着风景或者树木、花草、翎毛，称为金碧障壁画。帐构的把手挂着长及地面的金红流苏，隔扇的上方镶嵌着透雕的华板，色彩绚烂（图 200）。

桂离宫（1620—1647 年）位于京都边缘（图 201）。室内各房间以榻榻米草垫模数为基础，大量使用可滑动屏风形成不同的空间组合。室内装饰非常简洁，部分屏风上粘贴抽象方格纸面，其他地方没有太多装饰。有几个内置的橱柜和架子用来储藏，座椅就是放在地上的草垫，草垫中间放一张轻便的低台。建筑带有观景的露台和供赏月的平台，通过室内屏风的开合，可以很好地观赏室外自然景观，听风闻雨，体现禅意环境韵味。

桃山时期，由中国传入的品茶逐渐成为市民习惯，在禅师的倡导下形成茶道，茶室设计逐步讲究，草庵风茶室较为流行。

7. 明清时期

明清建筑大多依旧采用木结构框架体系，构建间以榫卯接合，以复杂的“斗拱”结构加大屋檐外挑深度，起到遮阳、避雨、保护梁架的功能。官式及寺庙建筑室内常饰艳丽色彩，以礼制与等级施用色彩和材料。

建筑构件中的“雀替”随着房屋建造普遍采用砖瓦而逐渐成为纯粹的装饰。在两柱之间的称为花牙子雀替，也称镂空雀替，在建筑末端，柱间的雀替常连为一体而形成精巧的柱跨装饰（图 202）。

重要的殿宇室内天花正中央多施用藻井装饰（图 203）。藻井多呈穹隆形状，一般由斗拱和木梁架设而成。在形制上有四方形、圆形和八角形等，也有综合几种形状的，级层叠落，精美华丽。

故宫太和殿始建于明永乐四年（1406 年），清康熙三十四年（1695 年）重建，是紫禁城的核心，其内部装饰集中展现了明清时期宫殿建筑室内设计风格（图 204）。太和殿的檐下施以密集的斗拱，室内外梁枋上饰以级别最高的和玺彩画。门窗上部嵌成菱花格纹，下部浮雕云龙图案，接榫处安有镌刻龙纹的鎏金铜叶。殿内“金砖”铺地（因而又名金銮殿，“金砖”是因其打造时所需的钱很多而得名），太和殿内地面共铺二尺见方的大“金砖”4718 块。太和殿的明间设九龙金漆宝座，后方摆设着七扇雕有云龙纹的髹金漆大屏风。椅圈上共有 13 条金龙缠绕，其中最大的一条正龙昂首立于椅背的中央。椅面之下没有通常的椅子腿，而是一个须弥底座，在束腰的地方透雕双龙戏珠，满髹金漆。周围摆设象征太平的象驮宝瓶，象征君主贤明、群贤毕至。角端摆有象征延年益寿的仙鹤，以及焚香用的香炉、香筒。宝座两侧排列六根直径 1 米的沥粉贴金云龙图案的巨柱，所贴金箔采用深浅两种颜色，图案鲜明突出。宝座上方天花正中安置形若伞盖向上隆起的藻井，藻井正中雕有蟠卧的巨龙，龙头下探，口衔宝珠，更显出“金銮宝殿”的华贵气氛。

天坛祈年殿始建于明永乐十八年（1420 年）。祈年殿的内部结构比较独特，不用大梁和长檩，仅用楠木柱和枋桷相互衔接支撑屋顶。内围的四根“龙井柱”象征一年四季春、夏、秋、冬；中围的十二根“金柱”象征一年十二个月；外

202

203

204

205

202 建筑构件雀替装饰

203 传统建筑天花藻井装饰

204 故宫太和殿室内设计

205 天坛祈年殿天花藻井装饰

围的十二根“檐柱”象征一天十二个时辰；中层和外层相加的二十四根，象征一年二十四个节气；三层总共二十八根象征天上二十八星宿；再加上柱顶端的八根铜柱，总共三十六根，象征三十六天罡。殿内地板的正中是一块圆形大理石，带有天然的龙凤花纹，与殿顶的蟠龙藻井和四周彩绘金描的龙凤和玺图案相对比，宝顶下的雷公柱则象征皇帝的“一统天下”。祈年殿的藻井是由两层斗拱及一层天花组成，中间为金色龙凤浮雕，结构精巧，富丽华贵，使整座殿堂显得十分富丽堂皇（图 205）。

中国传统园林艺术在明清达到顶峰，其中以江南私家园林最为典型。苏州古典园林宅园合一，可赏、可游、可居。这种建筑形态的形成，是在人口密集和缺乏自然风光的城市中，人类依恋自然，追求与自然和谐相处，美化和完善自身居住环境的一种创造。拙政园、留园、网师园、环秀山庄这四座古典园林，建筑类型齐全，保存完整，系统而全面地展示了苏州古典园林建筑室内外布局、结构、造型、风格、色彩以及室内设计、家具陈设等各个方面的内容，是明清时期江南民间建筑与室内的代表作品，反映了这一时期江南地区高度的居住文明，曾影响到整个江南城市的建筑格调，带动民间建筑与室内的设计、构思、布局、审美以及施工技术（图 206）。

206 苏州园林室内陈设设计

207 绘画中展现的为 19 世纪中国私塾室内及庭园陈设

明代时对礼制制度的约束重新加剧，民居住宅整体布局采用严正的中轴线组合、对称多进院落形式。中后期民居住宅雕饰日益精美，经济的进一步发展使得民间建筑有一定财力投入装饰，如门楼、照壁的砖雕，楼廊挑栏的木雕，月梁的使用，彩绘，室内小木作，匾联字画等等，为明代室内环境的营造提供了新的手法和视觉效果。至清初，室内空间分隔和组织形式变化更加多样，帷幔幕帘、隔扇门、屏风、实墙、太师壁等手法在室内普遍使用，丰富了室内布局形式，营造出朴素而雅致的空间氛围（图 207）。

208《圣厄休拉德传说故事画》，卡帕西奥作，1490—1498 年

209《正在钻研的圣奥古斯丁》，卡帕西奥作，约 1502 年

210 米兰，沃尔塞奇府邸，萨拉 · 贝维拉奎亚设计，约 1500 年

四、室内陈设艺术发展

1. 欧洲的室内陈设

文艺复兴运动日益强调陈设装饰的世俗性，中世纪以教会题材为主要艺术创作对象的状况发生了很大变化。在室内，古典主义影响下的比例关系再次被重视，到16世纪末期，室内设计十分强调空间概念，内壁装饰严格定式，对比例构成关系的追求达到极致完美。主要建筑的空间装饰绝大多数是依靠地面、墙和顶棚上的丰富图案作为当时豪华装饰的一种衬托。除了织棉挂毯、镀金皮革挂饰、羊毛或装饰棉挂饰以外，在大多数房间里没有太多固定的家具。在卡帕西奥的绘画《圣厄休拉德传说故事画》（图208）和《正在钻研的圣奥古斯丁》（图209）画作中，圣厄休拉德传说故事画较为真实地再现了当时室内陈设

211 大雕花衣柜，乔瓦尼·弗朗切斯科·托斯卡尼设计，15 世纪

212 佛罗伦萨，达莞扎堤庭宫装饰柜，约 1500 年

213 佛罗伦萨，达莞扎堤庭宫折椅，约 1500 年

214 佛罗伦萨，斯特洛奇宫小型便携式椅

215 米兰，意大利古钢琴，乐器博物馆

216 威尼斯，天鹅绒织物，15 世纪晚期

217 印度地毯，17 世纪

的基本手法。意大利最早将希腊、罗马古典建筑上的檐板、半柱、台座以及其他细部形式移植到家具的细节装饰，而建筑的外形也同时影响到家具造型。文艺复兴式家具的主要特征为外形厚重端庄、线条简洁严谨、立面比例和谐、采用古典建筑装饰等。

沃尔塞奇府邸（图 210）室内展现了当时丰富的陈设手法。墙面上有丝绸覆盖物，装饰精美的壁炉成为房间的视觉中心，每道门都有华丽的装饰门框，格子顶棚是天花的主要处理形式。可移动的装饰柜、椅子不多，烛台式吊灯和陈设品做工都很精美。室内效果华贵，风格统一。

床、意大利式的大箱子、大橱柜、餐具筐，包括雕花式衣柜折叠椅、便携式椅等，这些家具成为当时室内的永久性家具。木制家具的精雕细刻、表面的细木工嵌饰和色彩的绚丽搭配，形成了 16 世纪和 17 世纪佛罗伦萨家具的流行时尚（图 211、图 212、图 213、图 214）。

意大利人对音乐的热情促使了高品质乐器的产生，包括键盘乐器，尺寸大的可以成为一件家具和室内重要的陈设品，其外表常装饰有雕刻、嵌饰和绘画（图 215）。

文艺复兴式的家具在欧洲流行了近两个世纪。总的说来，早期装饰比较简练单纯，后期逐渐趋向华丽优美。此外，不同的国家也都有各自的特点，如法国采用繁复的雕刻装饰，显得富丽豪华；英国把文艺复兴风格与自己传统的单纯刚劲风格融合在一起，形成一种朴素严谨的风格；北欧的文艺复兴式家具发展缓慢，实际上是将哥特式后期的结构方式与文艺复兴式装饰融为一体。

丝织品是文艺复兴时期最流行的织物，常采用大尺度的编织图案，带有浓烈的色彩。天鹅绒和锦缎占据着早期文艺复兴的主流，到 16 世纪时，织锦和凸花厚缎也逐渐得到广泛应用（图 216）。

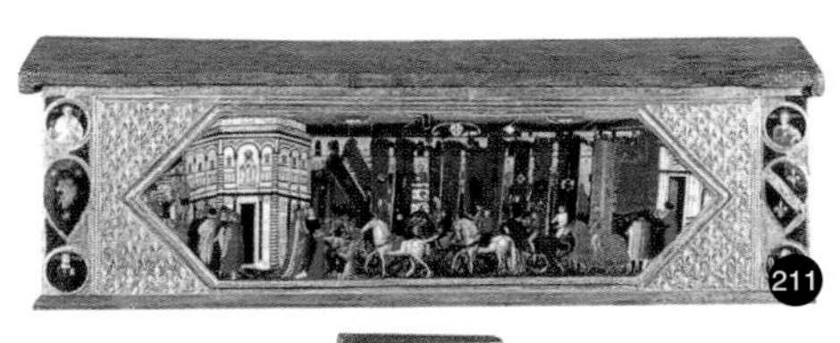
211

212

213

214

215

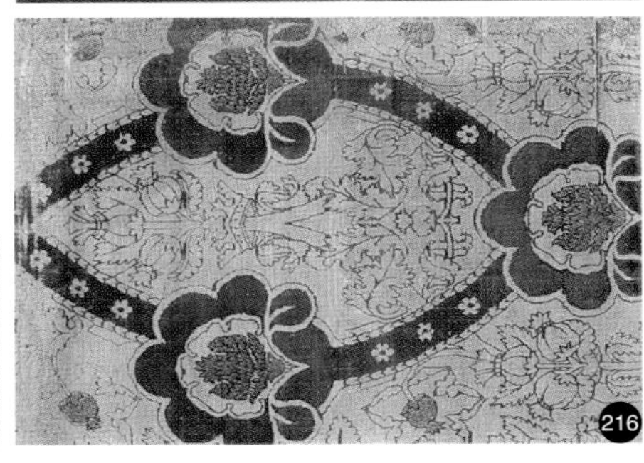
216

217

2. 印度的室内陈设

早期印度人一般坐在低矮的坐垫上，没有传统概念的床，住宅内鲜有家具的陈设。约公元 1000 年起，受到伊斯兰文化的影响，一些地区开始使用各种箱柜和矮桌，床的尺寸也逐步扩大。阿克巴王统治时期，编织技术从波斯传入，地毯大面积流行于印度，图案使用动植物形象，以红底蓝边上采用花卉图案最为经典（图 217）。东方航线的开通加速了印度与欧洲的贸易往来，家具的生产规模逐步放大，设计样式与装饰也受到西方影响，室内设计与陈设开始了多元化的发展。哥特式风格、古典装饰风格、伊斯兰风格等在各种家具与陈设产品中都有反映，而以印度纹样为主题的装饰则一直流行。

3. 日本的室内陈设

日本期间流行的草庵风茶室，如高台寺的遗芳庵（图 218），其装饰通常采用民居样式的泥墙草顶，以及用毛竹、带皮树干制作的落地格窗，以体现田园清雅。室内常布置一个高度写意的茶庭，与庭院结合，布置竹篱步石，石制洗手盆、涌泉、水井，石龙灯等，体现淡雅、简朴的田园意境。同时，在通往茶室的道路上种植树木，以茶道“和、静、清、寂”的精神为旨趣，意在陶冶情操，启迪性灵。这种风格的建筑与室内陈设逐步形成了日本特有的“数寄屋”形式。“数寄”是指外面黏糊半透明纸的木方格推拉门，也有纸夹在双层木格中间的，既可以分隔室内空间，又可为住宅的外墙，最初由中国传入。数寄屋是一种平台规整、讲究实用的日本田园式住宅，是取茶室风格的意匠与书院式住宅加以融合的产物，常用“数寄”分割空间，惯于将木质构件涂刷成黝黑色，并在障壁上绘水墨画，意境古朴高雅，这构成了传统日本的主基调室内陈设风格（图 219）。

218 日本，高台寺遗芳庵

219 桂离宫室内陈设设计，17 世纪

220 明式官帽椅

小贴士

景泰蓝：又称铜胎掐丝珐琅，是一种将各种颜色的珐琅附在铜胎或青铜胎上，烧制而成的瑰丽多彩的工艺美术品，最早的文字记载出现在元朝。因其是在中国明朝景泰年间兴盛起来，所以命名为景泰珐琅或是景泰琅。后来又因多用宝石蓝、孔雀蓝色釉作为底衬色，而且“琅”的发音近似“蓝”，最后演变成“景泰蓝”这个名字。

4. 明清时期中国的室内陈设艺术

明清时期，室内陈设风格明确，家具类型丰富、样式多样，各种工艺品品种繁多，技艺精湛并兼具艺术性。元、明、清各代，对家具的生产、设计要求精益求精，尤其是明清两代，成为传统家具发展的全盛时期。

明式家具以简洁素雅著称，讲究功能，注重人体尺度的舒适，造型优美，比例适宜。明代家具大量使用硬木，呈现出轻柔明快的时代造型特征。

所谓明式家具，一般是指在继承宋元家具传统样式的基础上逐渐发展起来的家具样式，以优质硬木为主要材料的日用居室家具，精品当数紫檀，也有少量花梨和红木。据文字资料，它起始时被称之为“细木家具”，或者“小木家具”。起初，这种“细木家具”在江南地区主要采用当地盛产的榉木制作，至明中期以后，更多地选用花梨、紫檀等品种的木材。在结构上，榫卯技术更加纯熟。在家具的种类上比以往任何时期都要丰富。而家具又根据使用者在不同场合的需要进一步细分，不仅有桌、柜、箱类，也有床榻类、椅凳类、几案类、屏风类等等。如椅类就有宝椅、交椅、圈椅、官帽椅（图 220）、靠背椅和玫瑰椅等，造型丰富。

清初之时，尽管在家具上的创新不多，但在开国之初，统治者以既开明又保守的姿态面对一切，体现在家具上就出现了尺寸扩大、形式守旧的特征。之后家具样式开始趋于复杂，出现了雕漆、填漆、描金等装饰手法，并结合玉石、陶瓷、珐琅、贝壳等镶嵌装饰，呈现出繁琐华丽、体量厚重、重装饰轻功能的倾向（图 221）。

明清时期，室内陈设多以悬挂在墙壁或柱面的字画为视觉中心进行布局（图 222）。厅堂多在后壁上方正中悬挂匾额，下挂堂幅，配以对联，两旁挂有对称

221 紫檀浮雕龙纹宝座，清代

222 合肥李鸿章故居室内陈设

223 黄花梨插屏式座屏风足底，150 厘米 ×78 厘米 ×245.5 厘米，明末清初

224 明清景泰蓝

225 合肥李鸿章故居室内挂屏

条幅，柱上或在明间后檐金柱间设置木隔扇或屏风，上刻书画诗文、博古图案（图223）；在敞厅、亭、榭、走廊内侧多用竹木横匾或对联，或在墙面镶嵌石刻；墙上多挂嵌玉、贝、大理石的挂屏；以博古架形式分隔空间，桌、几、条案、盆景、瓷器、古玩、盆花等装饰其中，与褐色实木家具及粉墙黛瓦相搭配，形成稳重贵气的室内陈设效果。

这一时期，各种陈设品琳琅满目，工艺精湛、色彩鲜明、造型优美。明代的装饰品最著名的是金属制品宣德炉和景泰蓝。景泰蓝是对铜胎掐丝珐琅的俗称，类型有盒、花盆、蜡台和脸盆等（图224）；悬挂于墙面的挂屏，多在木饰框中镶嵌自然纹理的云石，看上去宛若自然界里的云雨风景（图225）；明末风行起来的年画，寓意吉祥，象征昌隆，在清乾隆年间达到全盛，以天津的杨柳青、苏州的桃花坞和山东潍坊的杨家埠年画最受欢迎，是民间室内装饰的必备挂画（图226、图227）；明清灯具明显兼具实用和装饰功能，造型别致多样。宫灯多以木质骨架安装玻璃、装饰牛角或者裱以绢纱，绘制风景、人物、花鸟等内容，外形加垂饰、吉祥物件和流苏，更显豪华艳丽。明清时期，陶瓷制品依旧在室内陈设中占有重要位置，除了基本实用品之外，立瓶、花尊、壁瓶、插屏、花盆、花架等成为室内的重要装饰摆件。

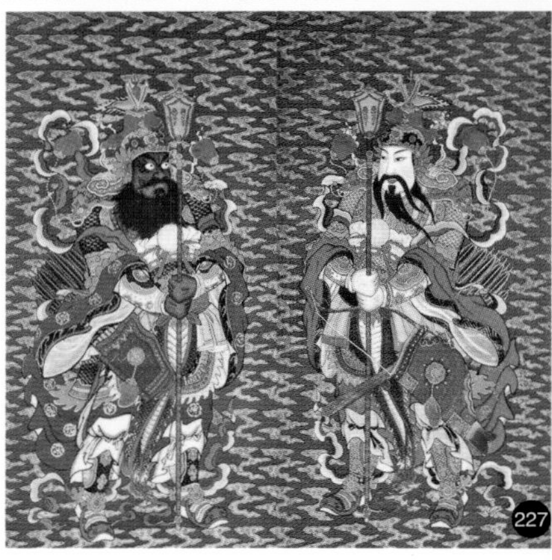

226 杨柳青年画《新年多吉庆 合家乐安然》，清，贡尖镜片

227 传统杨柳青年画样式

课堂思考

1. 欧洲文艺复兴时期建筑风格对室内设计的影响体现在哪些方面？
2. 这一阶段，日本室内装饰设计的主要特征是什么？
3. 为什么说中国明清时期的家具达到木制家具发展的一个高峰？

Chapter 6

巴洛克 洛可可时期

学习目标

学习不同地区巴洛克和洛可可风格的关联性与差异性；了解欧洲不同国家这一时期的风格倾向特点；领会中西室内装饰风格的异同。

学习重点

1. 了解巴洛克与洛可可风格的区别与联系。
2. 了解巴洛克室内设计风格的特点。
3. 了解洛可可室内陈设的基本特征。
4. 总结中国这一时期传统室内陈设的基本特点。

巴洛克与洛可可是流行于欧洲 17 至 18 世纪的两种艺术风格。这一时期大致包括路易十四时期、摄政时期、路易十五时期。二者都属于皇家贵族艺术，在西方艺术风格发展史中占据着重要的地位，时至今日都还影响着各种艺术门类。同一时期，中国处于清朝中期，史称康乾盛世，之后开始呈现颓势。这一时期的建筑在沿袭明代传统的基础上，具有一定的发展和创新，建筑物更崇尚工巧华丽，同时，逐渐出现部分中西合璧的新建筑形象。

一、概述

1. 巴洛克艺术

16 世纪下半叶，自文艺复兴衰退之后，欧洲便处于多种风格混杂时期，其中以“巴洛克”最为瞩目。巴洛克艺术最早起源于罗马，之后流行于其他欧洲国家。巴洛克艺术风格最初是通过手法主义体现出来的，是背离文艺复兴艺术精神的一种复杂、奢侈与浮夸的艺术形式。巴洛克的兴起与罗马天主教反宗教改革运动及西欧国家君权的加强有密切关系，它是为教权与君权的强化服务的，借助这一过程得以广泛传播。

2. 洛可可艺术

洛可可艺术是继巴洛克艺术风格之后，发源于法国并很快遍及欧洲的一种艺术风格。洛可可艺术发源于路易十四（1643—1715 年）时代晚期，流行于

小贴士

巴洛克：关于巴洛克一词的起源，有两种说法。一是意大利 B. 克罗齐等人认为源于 Baroco，指逻辑学中三段论式的一个专门术语；更普遍的看法则是认为源于葡萄牙语 Baroco 或西班牙语 Barrueco，意思是“不合常规”，特指各种外形不规则有瑕疵的珍珠，也就是“不圆的珠”，泛指各种稀奇古怪、离经叛道的事物。

路易十五（1715—1774 年）时代，所以又称“路易十五式”。“洛可可”一词来源于法文，是用小石头和贝壳作为装饰图案的一种装饰样式。洛可可吸收了巴洛克的华丽和中国装饰的柔和，是运用多个 S 线组合的一种华丽雕琢、纤巧繁琐的艺术形式。

3. 清中期装饰艺术

清中期封建中央集权制度达到了顶峰，导致制度、机构和统治腐败。清朝中后期采取闭关锁国、重农抑商的政策，使得资本主义萌芽受到严重的阻碍，经济发展落后，但建筑形式还是有所发展，园林发展达到鼎盛期，居住建筑丰富多彩，百家争鸣。尤其是在家具设计方面，清朝家具形式更加丰富，造型稳重，装饰繁琐，在继承明代基础上又有了大胆创新。陈设物品种类齐全，工艺美术技艺不断精进，室内摆放也颇为讲究。

228 梵蒂冈，圣彼得大教堂，米开朗基罗设计，1546—1564 年

229 法国，小特里亚农宫，加布里埃尔设计，1762—1768 年

230 巴黎，协和广场，雅克 · 昂日 · 卡布里耶设计，始建于 1755 年

二、建筑发展概况

1. 巴洛克建筑风格

巴洛克风格的出现打破了文艺复兴晚期建筑设计的程式化倾向，运用复杂的几何形、卵形与椭圆形，表达了人们追求自由的情感。巴洛克风格多出现在教堂建筑物中（图 228），强调力度与动感，用色大胆，非常注重创作物品的立体感与空间感，并且在整个建筑过程中集合了雕刻与绘画等艺术，混用多种装饰材料与工艺，达到丰富而夸张的戏剧性效果。圣彼得大教堂经历了文艺复兴从初期到盛期的全过程，并通过手法主义的装饰进入巴洛克时期。由贝尼尼设计的圣彼得广场略呈椭圆形，两侧由两组大理石柱廊环抱，地面用黑色小方石块铺列，也体现了巴洛克风格建筑的典型特征。由维尼奥拉设计，建于 15 世纪中期的罗马耶稣会教堂是巴洛克教堂的原型，之后以其为蓝本兴建或改建了许多教堂。巴洛克建筑的发展离不开许多建筑师、设计师及绘画艺术家所做出的贡献，如乔凡尼 · 洛伦佐 · 贝尼尼、费朗切斯科 · 波罗米尼、弗朗索瓦 · 芒萨尔、朱尔 · 阿杜安 · 孟萨等。

228

229

230

2. 洛可可建筑风格

洛可可建筑是在巴洛克建筑的基础上发展起来的，但它在演变的过程中逐渐脱离了巴洛克时期的特点，由巴洛克式的气魄宏伟、富丽堂皇的教堂转变为洛可可式的优雅别致、精致细腻的别墅和私邸（图 229）。洛可可建筑外形的布局充满节奏感，色调单纯明快，风格纤巧、精美、浮华，大部分的建筑外观都比较简练。洛可可的建筑中大多省去了壁柱，加上了落地窗，使大厅里可以有充足的光线进

入。洛可可建筑中还充满了女性化、母爱等亲切与安逸的题材。这一时期的广场比巴洛克时期的广场开敞，空间变得更加丰富（图 230）。

3. 清中期建筑发展

清代是中国最后一个封建王朝，虽说这一时期的建筑大体沿袭明代传统，但也有发展和创新，建筑物更崇尚工巧华丽，木结构更加趋于成熟，以梁架结构代替斗拱承担挑檐的作用，使梁柱直接榫合，形成整体框架，提高了建筑物的坚固度。清中期建造了一大批楼阁式建筑，就是按照这种新的框架方式建造（图 231、图 232)，在空间形态上发展出许多建筑平面形式，诸如扇面、双环、三角、六角等。玻璃的引进使用及砖石建筑的进步也使得建筑形式更加多元化。这一时期，中国的民居建筑丰富多彩，打破原有的单一化，建筑形式增多。

有“万园之园”“东方的凡尔赛宫”之称的圆明园集中了中国园林艺术的精髓，融会了东西方各种建筑风格（图 233）。其中圆明园四十景之首的正大光明为圆明园正殿，南起宫门大影壁，北至正大光明殿后的寿山，建筑面积达 7000 平方米，展现了建筑群与园林艺术的完美结合，中西建筑风格交相辉映，气势宏伟。

小贴士

《圆明园四十景图咏》是根据乾隆皇帝的旨意于乾隆九年（1744 年）由宫廷画师唐岱等绘制而成的 40 幅风景图。“正大光明”一语出自朱熹的“古之圣君、贤相所以诚意交孚，两尽其道，而有以共成正大光明之业也”。乾隆有诗对“正大光明”进行诠释：无偏极建福时敛（正）、顺应物来量始宏（大）、利用国观惟俊呼（光）、自呈鉴照待群情（明）。

231 北京，颐和园佛香阁，乾隆年间

232 北京，雍和宫万福阁，清乾隆十三年至十四年

233 北京，圆明园，1709—1725 年

234 罗马，罗马耶稣会教堂，1565—1573 年，维尼奥拉设计

235 罗马，圣坛华盖，贝尼尼设计，1624—1633 年

三、室内设计发展

1. 巴洛克室内装饰特色及对各国的影响

巴洛克时期的教堂室内装饰如同期的建筑一样由简朴趋于富丽堂皇、繁琐复杂。室内设计强调雕塑性，色彩斑斓且形式感强，墙面与顶棚上都有各种装饰，有些隔断用比较复杂的雕塑形式来呈现，立体感较强。地面大多采用几何或彩色大理石贴面，墙壁上设有壁龛，壁龛上大都有精美的龛头，顶棚上的绘画以错觉透视形式产生如穹顶般的效果，强化空间的垂直上升感受。

在意大利的罗马，由维尼奥拉设计的罗马耶稣会教堂（图 234)，其平面为长方形，端部突出一个圣龛，由哥特式教堂惯用的拉丁十字形演变而来，中厅宽阔，拱顶布满雕像和装饰。十字正中升起一座穹隆顶，两侧由两排小祈祷室代替原来的侧廊。教堂立面借鉴早期文艺复兴建筑大师阿尔伯蒂设计的佛罗伦萨圣玛丽亚小教堂的处理手法，正门上面由分层檐部和山花做成重叠的弧形和三角形，大门两侧采用了倚柱和扁壁柱，立面上部两侧做了两对大涡卷，形式感强烈。

意大利的贝尼尼是最著名的巴洛克雕塑家、画家与建筑师之一，早期由贝尼尼为圣彼得大教堂设计的圣坛华盖（图 235）和圣彼得椅成为巴洛克风格的典型代表。圣坛华盖高约 30 米，用青铜铸造而成，四根扭曲的科林斯柱式支撑着装饰复杂的华盖顶。华盖顶端有镀金的十字架，有 S 形的半券支撑，整个华盖缀满藤蔓、天使和人物。贝尼尼设计的圣彼得椅比起圣坛华盖来说，小到可以忽略，所以贝尼尼将这件作品镶嵌在一个体量更大的镀金青铜椅架内，使其在教堂的整个纵深方向都能够被看到。

丰富的光影变化在巴洛克风格室内空间中的体现是巴洛克建筑的一大特征。由波罗米尼设计的四喷泉圣卡罗教堂（图 236)，是这一设计特征的成功典范。圣卡罗教堂位于比较拥挤的城市地带，教堂室内由希腊十字和椭圆形的形式组合而成，凹凸感较强，整体设计布满了曲线、折面与闪烁的光影。在教堂的穹顶周边分布着几何形的小窗户，光线从顶端射入，使得教堂内部的光感效果显现得淋漓尽致，也增加了教堂内部的神圣感。

瓜里诺 · 瓜里尼是将罗马巴洛克手法引进意大利北部地区的重要设计师之一。他设计的圣洛伦佐教堂（图 237），整体是由一个大方块加上一个凸出的小方块组合而成。小方块内是圣坛，大方块平面内部又是由各种形状如希腊十字形、圆形、八边形等一些不规则的图形交相组合而成的带有曲线形的平面，平面形态凸凹多变。教堂的穹顶是由八个相互交叉的券肋组合而成，中间留有一个八角形洞，上面建有带窗的采光亭，教堂内部的空间感和光感效果更加强烈，具有一定的戏剧性。

巴洛克建筑风格也在德国、奥地利、法国、英国和西班牙等其他欧洲国家广泛传播，因各个国家吸纳程度的不同，产生的影响也不同。

236 罗马，四喷泉圣卡罗教堂，波罗米尼设计，1634—1643 年

237 都灵，圣洛伦佐教堂，瓜里诺 · 瓜里尼设计，1666—1680 年

236

237

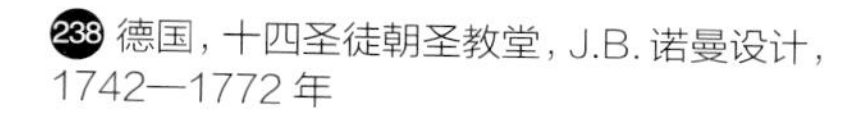

238 德国，十四圣徒朝圣教堂，J.B. 诺曼设计，1742—1772 年

239 奥地利，圣佛罗里安修道院，雅各布·普兰图尔和卡洛·安东尼奥·卡洛内设计，1718—1724 年

德国巴洛克风格教堂建筑外观简洁雅致，造型柔和，装饰不多，而教堂内部装饰则十分华丽，形成内外的强烈对比。著名实例是班贝格郊区的十四圣徒朝圣教堂（图 238），其平面为拉丁十字形，周围有侧栏，椭圆形的穹顶比较低矮，椭圆形与圆形相互交错，教堂顶部动态感较强，空间较为复杂。正厅的穹顶之下是供奉着十四位殉教圣徒的圣坛，室内的色调主要是白色、金色和粉红色，这一时期的巴洛克雕塑和绘画已显示出惊人的光感与动感。

奥地利的巴洛克建筑风格主要是从德国传入的，但奥地利巴洛克艺术与意大利的联系可以追溯至卡洛·安东尼奥·卡洛内的作品。位于林茨城附近的圣佛罗里安修道院（图 239）主要是由意大利的卡洛·安东尼奥·卡洛内和奥地利的雅各布·普兰图尔先后设计完成的。教堂顶棚有许多小穹顶，这些小穹顶又相互组成拱顶，被称为海帆拱。顶棚上有许多精美的彩绘，利用透视的手法，使较低矮的穹顶产生高扩顶端的空间幻觉。

相对于意大利、德国南部及奥地利等地的巴洛克风格来讲，法国与英国的巴洛克风格并没有那么的复杂与精巧，英国的巴洛克发展比较保守，一直游离于主流之外。

法国的巴洛克在一定程度上比较内敛，人们又称法国的巴洛克为“路易十四风格”。凡尔赛宫是路易十四风格中最重要的作品。凡尔赛宫礼拜堂（图240）主要是由朱尔·阿杜安·孟萨和科特设计的。礼拜堂内分上下两层，底层是券廊，上层是柱廊，且上下两层都有窗户，顶部两侧又有高侧窗，给室内提供了充足的光线。拱顶和半穹顶上都有彩画，地面上是用彩色大理石铺成的几何图案。在路易十四时期最著名的教堂要属恩瓦立德教堂（图241），教堂呈集中式平面，中厅很高，覆盖高敞的大穹顶，穹顶上有绘画，窗户设在穹顶下的鼓座上，在地面上看不到窗户，光线的射入创造出空间与光的戏剧性效果，突显了巴洛克手法的重要特征。

在英国伦敦的圣保罗大教堂（图242），由中厅、唱诗班和耳堂组成了拉丁十字的平面形式，科林斯壁柱上方的盖盘环绕整个室内，室内柱子虽然粗大，但并不笨重，可与罗马的圣彼得大教堂相媲美。

西班牙的巴洛克恰恰与英国相反，因政治、经济的衰退和教会势力的增强，西班牙的教堂开始走向极端化，过分夸张，被称为“超级巴洛克”。拉卡图亚教堂（图243）就属于流行于西班牙的“库里格拉斯风格”，即一种淹没于石膏装饰中的西班牙式的巴洛克风格。极端的装饰完全把建筑的形式覆盖，装饰极度繁琐、张扬，是巴洛克风格时期的室内装饰特例。

小贴士

库里格拉斯风格：西班牙文艺复兴的下一个并且也是最后一个阶段称作“库里格拉斯风格”，大约从1650年至1780年，平行于其他地区的巴洛克与洛可可风格。这个名称源于约瑟·库里格拉，他是这一风格的主要代表设计师。库里格拉斯风格可以被理解为是对简朴的严谨装饰风格的反叛，一个极端的反映是表面装饰非常繁琐，色彩十分艳丽。

240 巴黎西南郊，凡尔赛宫礼拜堂，朱尔·阿杜安·孟萨和科特设计，1689—1710年

241 巴黎，恩瓦立德教堂，朱尔·阿杜安·孟萨和贝拉尔·布卢盎设计，1677—1706年

242 英国伦敦，圣保罗大教堂，克里斯多费·雷恩设计，1675—1711年

243 西班牙，格拉纳达，拉卡图亚教堂的圣器收藏室，阿雷瓦洛和瓦兹夸兹设计，1713—1747年

240

241

242

243

244 巴黎，凡尔赛，小特里亚农宫，玛丽·安托瓦内特王后卧室，雅克·加布里埃尔设计，1762—1768 年

245 巴黎，凡尔赛，小特里亚农宫，沙龙客厅，雅克·加布里埃尔设计，1762—1768 年

246 巴黎，苏俾士府邸的公主沙龙，博费兰与纳托瓦设计，1735 年

2. 洛可可室内装饰特色

洛可可室内装饰最早出现在法国，与巴洛克服务于宗教不同，洛可可则是服务于宫廷和上流社会。洛可可式房间大多为椭圆或八角形，采用 C 形、S 形、贝壳及涡旋等曲线形成装饰效果。室内多运用不对称布局手法，使得空间灵活多变。室内颜色以白色、金色、粉红、粉绿等一些娇嫩颜色为主，鲜明亮丽。镜子是洛可可风格室内必不可少的装饰物，几乎每个房间都会挂一面镜子，镜子的反射从视觉上拓宽了整个空间。

在 1687 年朱尔·阿杜安·孟萨为路易十四设计的大特里亚农宫中，就有早期洛可可风格的探索，同时，还体现出洛可可晚期室内装饰流行的一些设计元素，比如墙上增加了放置花瓶的托架、装饰在壁炉颈部的海贝壳和阿拉伯式蔓藤花纹。洛可可时期，室内设计也相继融入了带有中国特色的图案与题材，比如中国龙、鸟类、中国人物形象等，深受上流阶层喜爱，并被广泛传播，这使得洛可可时期室内装饰更加柔美、细腻，更加多元化。

位于凡尔赛的小特里亚农宫最初是为了远离凡尔赛宫的豪华气派而建造，虽然小特里亚农宫的建筑外观看起来非常朴实，但它的内部空间却是洛可可风格设计的顶峰之作。简单的方形楼梯厅饰以乳白色石头贴面，铁栏杆的楼梯扶手上镶嵌有镀金的字母图案，中间挂着枝形花灯。玛丽·安托瓦内特王后卧室（图 244）是顶棚较低矮的房间，针对王后喜爱僻静的需求而设计。墙面是简洁的镶板，清淡的颜色中点缀着金色，简单的壁炉架上安置着镜子及摆放着烛架。沙龙客厅（图 245）精致的弧线墙面装饰和壁炉、镜子以及烛台的细部都是路易十六时代洛可可室内风格的典型。苏俾士府邸的公主沙龙（图 246）是一个椭圆形空间，门、窗户、镜子和绘画周围都由镀金的洛可可风格装饰着细部，丘比特在镀金的装饰中玩耍，中央挂着大型的枝形灯，房间中所有的一切都在镜子的多次反射下创造出了万花筒般的奇幻效果。

巴黎近郊的枫丹白露宫（图 247），是费兰索瓦一世的画廊，在简单的通道式空间墙面上装饰着精巧的画框与雕塑，顶棚用木梁分隔，地面用简洁的木地板拼贴。预示着洛可可风格到新古典主义风格转变的圣雅姆府邸大厅（图 248），墙面用白漆粉刷，镀金装饰和镜子覆盖墙壁，顶棚上有壁画。门上有环形装饰，壁炉台带有装饰以及枝形烛架，拼花地板中央是旭日形母题。

德国是最快接受洛可可风格的国家，并与德国的民族风格相融形成了特有的风格。建于宁芬堡宫内的阿玛连堡小宫（图 249），其中厅是一个简单的圆形，有三间窗户朝向花园，以银色和天蓝色为主调，原本镜框简单的形式也因为其过多的装饰变得复杂，在镜面的反射下产生一种万花筒般的扑朔迷离，层层叠叠地显现出墙面与顶棚上的银色石膏装饰，原本就华丽的枝形灯也在镜子的反射下更加灿烂辉煌。雷西登茨宫（图 250）也是德国洛可可室内设计与装饰风格的代表。在这座大型宫殿中有一所装饰精致的洛可可式小礼拜堂。室内色调由粉红、蓝色和金色组成，丰富的雕刻装饰细部呈现出洛可可风格，天棚画由提埃波罗绘制，画面溢出画框，使得雕刻消失在整体画面中，表达了无限的空间感。

在英国，洛可可风格被当地的建筑师有意识地回避，那一时期英国正好处于帕拉第奥建筑的兴起期，从而限制了洛可可的发展。英国的洛可可风格主要体现在家具装饰上，但没有形成主流，只是被零散地采用。美国同英国一样，欣然地接受了帕拉第奥风格，并且认为帕拉第奥风格能够体现实用与美观、繁荣与良好教养的平衡组合，而对于洛可可的奢华持拒绝态度。

小贴士

枫丹白露宫：法国最大的王宫之一，位于巴黎南边 90 公里处。“枫丹白露”由“fontaine belle eau”演变而来，法文原义为“美丽的泉水”。从 12 世纪起用作法国国王狩猎的行宫。1137 年，法王路易六世下令在此修建城堡，后经历代君王的改建、扩建、装饰和修缮，使枫丹白露宫成为一座富丽堂皇的行宫。

247 法国，枫丹白露宫，罗索和普里马蒂乔设计，1533 年前

248 巴黎，旺多姆广场，圣雅姆府邸大厅，费兰索瓦 - 约瑟夫 · 贝朗热设计，1775—1780 年

249 德国，慕尼黑，阿玛连堡小宫，费朗索瓦 · 居维利埃设计，1734—1739 年

250 德国，维尔茨堡 · 雷西登茨宫，J.B. 诺曼设计，始建于 1735 年

247

248

249

250

251 沈阳，文溯阁，公元 1782 年

252 北京，小西天，1768—1771 年

253 北京，国子监辟雍，1784 年

3. 清中期室内装饰特色

清朝官式建筑的墙体多使用砖来砌造，分隔空间的山墙、檐墙、室内隔墙等也都大量使用砖砌造。民间建筑墙体砌造因地制宜，南北方差别较大。清代藻井不受斗拱约束，形式更加多变，精致复杂。室内的空间分隔千变万化，形式层出不穷，隔断和半隔断，虚实呼应。

专为收藏《四库全书》建造的著名七阁之一文溯阁（图 251），开间数为偶数，面阔五间，另加西侧楼梯间共六间，取“天一生水，地六成之”之意。文溯阁前厅底层东西北三面设夹层，夹层两端面阔各一间，外侧设木栏杆，在栏杆花格上刻有蝙蝠木饰件，两侧设花格窗四扇，上置横楣，构成一组形如花瓣的半封闭空间，中间宽敞部分以帷幔遮挡，在北侧的内廊，靠墙边设置多层书架，用帷幔遮隔。

小西天（图 252）是乾隆皇帝为庆祝皇太后 70 寿辰兴建的。其空间布局严谨，在汉式建筑的基础上结合了喇嘛佛教的曼陀罗式建筑模式，成为一座盛大的立体化极乐世界。小西天中轴对称，殿内结构用三圈柱网，呈正方形布局，光线自拱眼壁进入，塑造出宁静庄严的殿堂气氛。小西天的藻井以抹角梁框成八角形，再出井口天花，至中心处再转为斗八藻形，用色华丽夺目。殿内藻井下方安置着一座巨大假山，象征九山八海中心的须弥山，山顶供奉着观音菩萨像，山中又供奉着许多菩萨。

国子监辟雍（图 253）是现今唯一留存下来的，依据《周礼》中周代明堂的形制而建造的建筑，是为庆祝清乾隆皇帝登基 50 年所特别兴筑的。国子监辟雍建于圆池之内，构成外圆内方的平面布局，屋顶铺设黄色琉璃瓦，四面设格扇，在大殿正上方的上下檐间悬挂着乾隆皇帝御书的“辟雍”匾额。殿内井口天花及抹角梁皆施以和玺彩画，宽敞且无柱，有利于天子讲学。

二宜楼（图 254）算是民间的特色建筑之一。它所有的房间都面向圆心，分为内圈与外圈，内圈公用，外圈私用。内环为单层，每户得三开间，只有一户为二开间，内环是各户的出入口门厅及厨房；外环共五十二开间，扣除祖厅及三个出入口门厅，分成十二个单元，其中十户四开间，另两户为三开间和五开间，内外环之间有天井可供透气，天井两侧有廊；通常底层和二、三楼为卧室，顶楼为祖堂。二宜楼的楼梯各自独立，祖厅内刻意减少构造，使空间显得宽敞。同时，二宜楼是人们在战争期间为了保护自身而建造的，是固若金汤的御敌之场所。

在黄土高原上比较多见的是窑洞民居（图 255）。当地居民利用夯土技术筑屋，大致分成靠山式、独立式、下沉式三种形式。窑洞大多为圆拱或尖拱状，室内空间常见为高约 3.6 米，宽 3.3 米，进深则有 6 米至 20 米不等，窑顶的土层厚度通常大于 3 米，具有冬暖夏凉的特性。洞内分为两段，前段为生活起居处，靠窗处设有炕；后段则较暗，用来堆放和储藏杂物。在有的窑洞民居内部，为防土壤塌落，常以木梁支撑。

与北方四合院相似的天井院（图 256）在江南地区最为多见。天井院中主要部分为正房，正房多为三间，一层的中央开间称作堂屋，堂屋的开间大，前面宽敞，不安门窗与墙，使得堂屋的空间与天井直接连通，利于采光和空气的流通。位于堂屋两边正房的次间是主人的卧室，卧室会因天井院的大小而有所变化，小型天井院的卧室比较封闭，采光与空气流通都不方便；大型天井院的卧室中窗台较高，对室内的采光也有影响。天井院的内部既保持了四合院的私密性又节约了用地，还加强了结构的整体性。

小贴士

夯土技术：夯土作动词即将泥土压实；名词释义为中国古代建筑的一种材料，结实、密度大且缝隙较少的压制混合泥块，用作房屋建筑。有考古材料证实，商、周、秦、汉时期，重要建筑的高大台基都是夯土筑成，宫殿台榭也是以土台作为建筑基底。孟子曰：“舜发于畎亩之中，傅说举于版筑之间。”这里的“版筑”，就是夯土技术。

254 福建华安，二宜楼，1770 年

255 西北窑洞

256 南方天井院

四、室内陈设艺术发展

1. 巴洛克风格室内陈设

早期意大利的巴洛克室内风格在墙壁和顶棚上使用大量壁画来进行装饰，顶棚上的画带有错觉感，彩绘或镀金的木雕刻油画框内镶嵌着精美的绘画作品。故事性的雕塑是主要的室内陈设手段。罗马的科纳罗小礼拜堂内的雕塑作品（图 257），由贝尼尼设计，以熟练的雕刻技艺将朦胧状态下的修女既痛苦又甜蜜的感觉刻画得淋漓尽致。

镜厅（图 258）是凡尔赛宫奢华巴洛克风格的代表。室内沿墙壁放置许多面镜子，镜子反射对面花园中的景观，夜间镜子反射蜡烛光使室内更加明亮。墙面由色彩丰富的大理石和镀金的石膏工艺装饰，拱顶的壁画颜色艳丽，琥珀色的基调，映衬着凡尔赛宫室内的奢侈与豪华。

路易十四时期的家具也如巴洛克建筑一样，比较巨大，厚重感强。在位于法国的舍农索城堡（图 259）中，椅子大多是方形的，带有扶手和靠背，并有坐垫和椅套。而厢形家具的基本形式是门上或抽屉的正面有曲线或圆鼓形的装饰（图 260），家具的腿部变成脚状或瓶子状等形式，雕刻的图案有植物和人像等题材。在礼拜服（图 261）中反映出巴洛克时期的织物特点，丝质和银质的刺绣使形式感与色彩感更加强烈。

257 罗马，《圣泰瑞莎的沉迷》，贝尼尼设计，1645 年

258 巴黎，凡尔赛宫，镜厅，勒伏与朱尔·阿杜安·孟萨设计，始建于 1679 年

259 法国，卢瓦尔河大区舍农索城堡，路易十四时期的客厅，16—17 世纪

260 意大利，佛罗伦萨，老宫，巴洛克橱柜，1660 年

261 意大利，卡西诺山的阿贝博物馆，礼拜服细部，1700—1750 年

2. 洛可可风格室内陈设

洛可可室内设计装饰与家具完美结合，放在中央位置的大钟成为室内常见的装饰品，钟的两侧对称摆放着陶瓷花瓶，镜子几乎是室内必不可少的装饰物件。

在法国的朗贝尔公馆（图 262），大客厅带有严谨的洛可可装饰风格，在室内的壁炉上面挂有镜子，镜框由镀金图案雕刻，烛架左右摆放，巨大的枝形灯挂在中间，琳琅满目。右边摆放着大键琴，琴腿装饰丰富，琴的边缘和琴盖里面都有彩绘。

相对于硕大、肥胖的巴洛克家具而言，洛可可家具追求苗条和纤细（图 263），在家具腿修长优雅的曲线上镶嵌着小巧精美的图案，镀金的装饰更显其华丽。木头表面镶嵌着图案与色彩，装饰有时用象牙、龟壳、镀金银等来展示其纯熟的技巧。在德国发现的大衣柜（图 264），上面有绘画，画周围有花纹装饰。镜框和画框也都有雕刻与镀金，S 形的图案广受喜爱，镜框的装饰常常要胜过里面的画（图 265）。

法式低沙发椅的扶手与腿部的曲线流畅（图 266），较高且倾斜的背靠令人完全放松，深受富人与贵族的喜爱。18 世纪的法式衣柜表面装饰喜欢使用中国漆艺且广泛流行（图 267）。洛可可的华丽造型上有镀金的装饰，简洁的大理石台面与之形成强烈对比。钟也成为那时期贵族与富人喜爱的装饰物品之一（图 268）。座钟多由白瓷制作，过多的镀金表面使得装饰作用远大于其功能作用。

262 巴黎，圣路易岛，朗贝尔公馆大客厅，18 世纪

263 桌案，费兰乔西 · 屈维耶设计，1739 年

264 德国学派，大衣柜，1778 年

265 法国，古典画框装饰，18 世纪

266 法国，低沙发椅，约 1765—1770 年

267 法国，衣柜，让 · 德莫林设计，18 世纪中期

268 法国，音乐钟，1756 年

269 永寿宫宝座间陈设

270 养心殿后殿正间陈设

271 养心殿后殿东次间陈设

272 养心殿后殿西稍间陈设

273 颐和殿

3. 清中期室内家具陈设

清朝中期以后，清式家具的风格逐渐明朗起来，苏式家具也出现了新的特征，与风行全国的京式家具相互影响，又各自保留着自身的特点，在清代各种不同风格的家具中独树一帜。从家具的工艺技术和造型艺术上讲，乾隆后期达到了顶峰。这个时期片面追求华丽的装饰和精细的雕琢，以多求胜，但物极必反，过多的奢华达到极致之后，衰落已露出迹象。乾隆时期的家具已经显现出人们对未来的茫然和不知所措。除了复杂细密的装饰，已无更多的标新立异。民间家具以京作、苏作、广作为主，尽管京城集中了大批能工巧匠，但所制出的家具却呆板乏力。苏作家具一扫往日的高雅朴实，而日趋僵硬、程式化，江南一些有名园林中所保存的硬木家具便是这一时期的产品；广作家具更多地受到外来家具的影响，狮爪脚、贝壳饰、卷草纹等在广作家具中多有出现，但仍免不了产生堆砌、啰嗦的感觉，而且做工粗糙。

室内陈设中要属故宫最为华丽与典雅。永寿宫（图 269）内高悬乾隆皇帝御笔匾额“令仪淑德”，正中紫檀木边框，三扇式座围宝座。宝座两侧分别陈设着太平有象、角端、仙鹤烛台、香亭等。

养心殿初建于明朝，清朝雍正年间改建。养心殿后殿（图 270）共有五间，正间北沿三面围炕柜，柜前有坐褥、迎手，柜上陈多宝格及文玩。东次间东墙（图 271）有紫檀雕回纹条桌，桌上陈有铜镀金西洋钟表、桌灯；墙上挂有紫檀边蓝底博古图挂屏、铜镀金边框蓝底嵌铜字对联，此为清代皇帝的龙床。西稍间（图 272）床前有紫檀镂雕卡子花，清代皇后曾在此居住。

颐和殿（图 273）内饰有透雕嵌玉落地罩、雕花屏风、彩灯、明镜等精美陈设物品且摆放讲究。明间设有凤纹宝座，为乾隆出关东巡时的遗物。西间悬挂乾隆弘历御书之对联一副，字意为祝愿皇太后多福多寿。阳光下的颐和殿内景流露出了皇室的庄重之情。

乾隆东巡时其母的寝宫——介祉宫（图 274）内景陈设装饰也颇为讲究与华丽。采用透雕嵌玉落地罩来隔断空间，从而产生多变的空间布局，装饰华丽典雅，陈设富丽堂皇。东稍间为寝房，中三间为敞厅，西稍间有床凳等陈设，为休息和接受皇帝问安之处。

漱芳斋为乾隆皇帝休息及宴会的地方。漱芳斋（图 275）后殿东边为槅扇，上挂“高云情”匾额，两边为七言对联，正中陈酸枝木雕花嵌石心圆桌，周围有六个紫檀雕花绣墩。

清朝中期家具品种齐全，形式较为丰富，归为椅凳、床榻、柜橱、屏风等几大类。椅子中以靠背椅和扶手椅最为常见。凡是没有扶手的椅子统称靠背椅，如清乾隆时的黄花梨拐子纹靠背椅（图 276），背板与立柱均做成曲状，背板浮雕拐子纹，立柱与搭脑相接处有挂牙，搭脑两端出头者，称“灯挂式”靠背椅。清式凳的横枨多数在腿的下半截，有别于明式。

床主要有架子床、罗汉床和宝座。架子床因床上设有顶架而得名，如红木云龙纹架子床（图 277），六根雕龙立柱，顶部安透雕云龙纹毗卢帽，雕龙柱饰以透雕云龙纹床围。罗汉床多用于宫中厅堂陈设，造型模式较统一，上面多有浮雕、透雕、镶嵌及彩绘等。宝座都是单独陈设，一般陈设在室内中心或显著位置（图 278）。

柜橱主要用于收纳物品，明清两代时主要有书格、博古架、亮格柜等等。博古架又称多宝格与百宝架，格子横竖不等，高低错落，不显呆板，形式多变（图 279）。

屏风又分插屏、挂屏、围屏、座屏等。清代屏风用材广泛，各种木材、玉石、象牙、兽骨，各种丝绣制品等都有使用。插屏（图280），没有固定尺寸要求，用途不一，有当门而设者，也有于书桌、案头而设者，有的既实用又有观赏价值，有的只是用于纯观赏；挂屏，无座无脚，是挂在墙上的屏风；围屏，可以随意折叠，多用于娱乐活动中，多为临时陈设；座屏（图281），屏下有座，形体较大，不易挪动。

274 介祉宫
275 漱芳斋后殿陈设
276 黄花梨拐子纹靠背椅，清乾隆
277 红木云龙纹架子床，清
278 鹿角椅宝座，清中期
279 竹丝镶玻璃博古阁，清中期
280 紫檀边座点翠竹插屏，清中期
281 红雕漆座屏风，清中期

课堂思考

1. 巴洛克和洛可可风格在装饰手法和色彩运用方面各有什么特点，又有什么差异？
2. 巴洛克风格在欧洲不同国家的发展是怎么样的？
3. 这一时期中西室内陈设都有哪些特点？

Chapter 7

欧洲早期工业社会时期

学习目标

学习欧洲早期工业社会时期复古思潮、维多利亚风格、工艺美术运动、新艺术运动和折中主义时期的建筑、室内以及室内陈设等方面的历史发展轨迹和设计特色；了解各种运动兴起的时代背景。

学习重点

1. 了解欧洲早期工业社会时期及清朝末期的室内装饰设计的演变特点。
2. 了解工艺美术运动产生的背景及基本特征。
3. 总结清末中国传统家具的装饰特点。

欧洲早期工业社会时期大约处于 19 世纪到 20 世纪初期，是欧洲设计史上的巨大转折点。在这一时期，欧洲经历了复古思潮（18 世纪晚期至 19 世纪初期）、维多利亚风格（19 世纪）、工艺美术运动（1859—1910 年）、新艺术运动（19 世纪末到 20 世纪初期）和折中主义时期（19 世纪初期到 20 世纪初期）。中国此时处于清晚期（1840—1911 年），是经济文化发展的又一繁荣高峰时期。

一、概述

欧洲早期工业社会蕴含了人类有史以来最大、最具前瞻性的变化。在 19 世纪，科学的发展和工业化的到来使得现代生活与先前截然不同，伴随着 20 世纪的交通和通信的巨大发展，以及世界人口的大量增长，欧洲的设计发展也发生了翻天覆地的变化。

1. 复古思潮与风格复兴

18 世纪中期到 19 世纪初期，复古思潮主要由新古典主义与浪漫主义两种艺术潮流在西欧并行发展、相互交织，虽然古典主义强调规范与准则，浪漫主义注重反叛和创造，但是在实际设计中，新古典主义建筑师并不乏怀旧的浪漫情怀，而浪漫主义建筑师也同样充满了复兴古典与世界各民族文明的激情。随着复古思潮的发展，19 世纪经历了各种艺术与设计风格的“复兴”，如哥特式复兴、罗马复兴、希腊复兴、新文艺复兴、巴洛克复兴等等。

19 世纪中期，英国殖民地不断扩张，经济贸易占据了优势地位，而传统的贵族阶级则逐渐在经济、政治方面丧失优势。工业革命带来的资本主义经济发展催生出大批富裕的中产阶级，这个阶级成为建筑师的主要服务群体。由于借助新型工业技术，本身昂贵的工艺品得以大量地廉价生产，许多中产阶级纷纷效仿以往由技艺高超的工匠为贵族阶级手工制作的各种室内陈设和装饰，于是，维多利亚时期繁缛的装饰成为了这一阶段的重要特征。

2. 工艺美术运动的背景

在维多利亚时期，掀起了各种反对历史主义、装饰风格以及过分流行的设计式样的思潮。这些反对的呼声联合成有组织的运动，就是今天通常称作的“工艺美术运动”。这个运动始于英国，并在 19 世纪后半叶得到广泛发展，最终在美国发展成工匠运动。它们的影响可以追踪到德国和奥地利的后期风格，这些运动必然也和 20 世纪的现代主义直接相关。除了工艺美术运动，还有新艺术运动，这些运动排斥了维多利亚风格和其他过分装饰的风格，是对工业化风格的强烈反应，旨在重新掀起人们对传统手工艺的重视和热衷程度，其中也有放弃传统的装饰风格，转而采用大自然中的一些装饰构思，比如以植物、动物为中心的装饰风格和图案是受到日本江户时期和浮世绘的影响。

3. 折中主义的兴盛

从 19 世纪末开始到 20 世纪中期，折中主义在设计领域表现为从所有历史先例中进行挑选，热衷重塑过去，并放弃任何形式上的创新。折中主义在美国特别兴盛，因为美国历史短暂，建造时无据可依，从其他国家过去的历史中去汲取某些事物的理念，有可能引入它的文化、风格与形态，所以各种风格的折中混搭成为该时期美国公共建筑的主要风格。

4. 清末建筑艺术变革背景

清朝是由少数满洲贵族统治的朝代，封建专制更严厉，政治上、经济上的控制与压迫极为残酷，尤其是在思想、文化上的压迫。大兴文字狱、八股取士、闭关锁国等高压政策严重抑制了清朝的发展，窒息了我国古代科学文化的推进。到了清代晚期，中国落后于欧洲国家的发展。嘉庆、道光以后，中国国力日趋衰退，1840 年中英鸦片战争宣告了中国近代史的开端，中国古代建筑与环境艺术也从历史的极点走进了必然要改革变化的时代。

二、建筑发展概况

1. 古典复兴

古典复兴是指在 18 世纪下半叶到 19 世纪上半叶期间，欧洲资本主义初期最先出现在文化上，继而出现在建筑设计上的一种复古主义思潮。古典主义建筑的特点是运用古希腊、古罗马时期的建筑样式和运用古典柱式的建筑形态。新生的资产阶级希望通过大型公共建筑来凸显政治立场的象征性要求，同时，考古的进步促进了古典复兴运动的兴起。

由砖、石材料，穹顶结构和木结构组成的巴黎万神庙（图 282），为希腊十字形平面。其平面直接反映在外观上，除正面入口以外，无装饰的墙面直接暴露，与正面入口的罗马科林斯柱式形成对比，集希腊与罗马风格于一身。室内十字的交叉点上方有三层构造的穹顶，巨大的科林斯柱及壁柱、圆拱、穹顶、巨大的壁画和雕塑等构成了一个相当集约、气氛高亢向上的空间，传承了罗马万神庙的空间精神。

巴黎雄狮凯旋门（图 283），采用最简单构造，方体的造型，除了檐部、墙身和基座，此外没有别的分划。距离调和广场 2700 米，绿树成荫的爱丽舍大道从调和广场向西直奔而来，在中途有块凹地，而凯旋门却在凹地之西的高地上，因此形成了格外庄严、格外雄伟的艺术力量，以突显拿破仑的功绩。

282 巴黎，巴黎万神庙，1764—1790 年
283 巴黎，雄狮凯旋门，1806—1836 年
284 纽约，达科塔公寓，1884 年

2. 维多利亚风格

维多利亚风格是欧洲和美国在 19 世纪一度盛行的建筑和装饰风格，准确地说，维多利亚风格不是一种风格，而是各种欧洲传统风格折中混合的结果，这种风格的流行，代表了新生的资产阶级企图利用繁琐、华贵的设计来炫耀自己财富的欲望。它的实质是古典折中主义，表现出一种高度繁琐的装饰特征，且具有明显的违反“功能第一”原则的倾向。

从外部造型可以看出，混合着英国维多利亚时期建筑特征的达科塔公寓（图 284）带有德国文艺复兴时期的特征，如拱券、阳台、角楼和烟囱等，它是纽约珍贵的维多利亚风格公寓建筑之一。

3. 工艺美术运动

工艺美术运动是 19 世纪下半叶，在工业化发展的特殊背景下，由一小批英国和美国的建筑家和艺术家为了抵制工业化对传统建筑、传统手工业的威胁，以复兴哥特风格为特色的中世纪手工艺风气为口号，通过建筑和产品设计体现出民主思想而发起的一场具有试验性质的设计运动，对于世界建筑和其他设计具有一定的影响。工艺美术运动，主张在设计上回溯到中世纪的传统，恢复手

285 英国，红屋，1860 年

286 芝加哥，罗比住宅，弗兰克 · 赖特设计，1908 年

287 巴黎，巴黎地铁站入口处，吉马德设计

工艺行会传统，主张设计的真实、诚挚，形式与功能的统一，在装饰上师法自然。

英国哥特式建筑和传统乡村建筑完美结合的红屋（图 285），使用红砖、瓦顶和天然材料，红屋的表面没有任何装饰，是一种由砖和瓦来建造的家居风格。它摆脱了维多利亚时期繁琐的建筑特点，以功能需求为首要考虑，自然、简朴、实用，颇具田园风情。

著名设计师弗兰克 · 赖特设计的罗比住宅（图 286），位于美国中部伊利诺伊州的芝加哥，是典型的草原式风格建筑。开阔敞亮，屋檐伸张，平面布局重点突出，大量使用自然材料，构图自由，以不违背原有自然景观为主。赖特设计的这座草原式住宅反映了人类活动、技术跟大自然相结合的愿望，在用地紧张的条件下仍然能够使花园、植物深入建筑内部，使人们能有更多与大自然相处的机会。

小贴士

草原式风格：由美国著名建筑师弗兰克 · 劳埃德 · 赖特等一群艺术家于 1900 年前后在美国中西部建造的一系列住宅样式。它突破了传统建筑的封闭性，很适合美国中西部草原地带的气候和地广人稀的特点。草原式风格的建筑以砖木结构为主，尽量表现材料的自然本色，重点装饰部分的花纹大多采用图案化的植物图形或由直线组成的几何图形。

4. 新艺术运动

新艺术运动是 19 世纪末 20 世纪初在欧洲和美国兴起的一次影响至今的装饰艺术运动。新艺术运动放弃任何一种传统的装饰风格，完全走向自然化，强调平面的自然处理，在装饰上突出表现曲线、有机形态，而装饰的构思主要来源于自然形态。

吉马德在 1900 年前后设计了巴黎地铁站入口处（图 287）的亭子和一些装饰细部，通过设计一系列可大量预制的金属栏板、招牌、标准灯具的标准化细部以及墙板来处理细节，装备成不同形式以适应不同地铁车站的需要，屋顶的玻璃构造采用青铜和金属工艺，入口的栏杆模仿植物的形状，扭曲的树木枝干、缠绕的藤蔓和海贝形状的顶棚造型，使得这个案例成为法国最有影响力的作品。

新艺术运动的极端作品米拉公寓（图 288）有着波浪形的外观，白色石材砌筑的外墙，扭曲回绕的铁条和铁板构成的阳台栏杆。屋顶高低错落，用奇形怪状物做成烟囱和通风管道，整栋建筑如波涛汹涌的海面，极富动感。该建筑无一处是直角，避免采用直线和平面，全部采用有机形态，整个建筑看起来好像是一块正在融化的冰淇淋。

5. 折中主义

折中主义是指所有的设计都是选择一历史先例并对其做“令人信服”的模仿。在设计领域，它意味着从历史先例中挑选那些对某一特殊工程适合或有吸引力的东西。尽管很多地方利用了历史先例，但它们的目的还是设计一些以利用先例为基础却又属于自己时代的东西。折中主义的本质，相对来说，其目的是热衷重塑过去，重复生产使人信服。

法兰西第二帝国的重要纪念物巴黎歌剧院（图 289），对欧洲各国建筑都有很大的影响。立面构图骨架是卢浮宫东廊的样式，仿意大利晚期巴洛克建筑风格，并掺进了繁琐的雕饰。观众厅的顶棚像一顶皇冠，表现了其皇家歌剧院的身份。门厅和休息厅的四壁和廊柱布满巴洛克式的雕塑、挂灯、绘画等，其结构全部采用钢铁框架，被包在陈旧的外壳里，不暴露出来，显得极为轻巧。

采用以希腊爱奥尼风格为核心设计的美国国会大厦（图 290），与当时英国流行的建筑形式毫不相干，基本是希腊风格和托斯卡纳风格的结合，表现了美国开国之父们希望在建筑上摆脱英国的影响，从而形成一个与宗主国毫无关

288 巴塞罗那，米拉公寓，安东尼·高迪设计，1906—1912 年

289 巴黎，巴黎歌剧院，1861—1874 年

290 华盛顿，国会大厦，1793—1800 年

288

289

290

小贴士

托斯卡纳风格：世界四大园林风格之一，它源于意大利中西部的托斯卡纳地区。这种风格多体现为乡村风情主题，多数体现在建筑外观上，通过采用天然材料，如石头、木头和灰泥来表现建筑的肌理。尤其是红色陶土屋瓦及灰泥墙面涂层，都是非常具有意式乡村风格的元素。

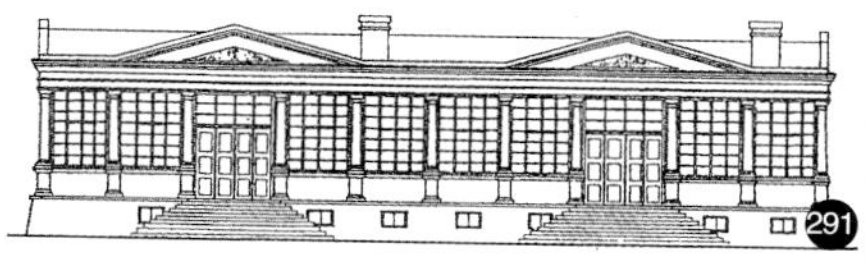

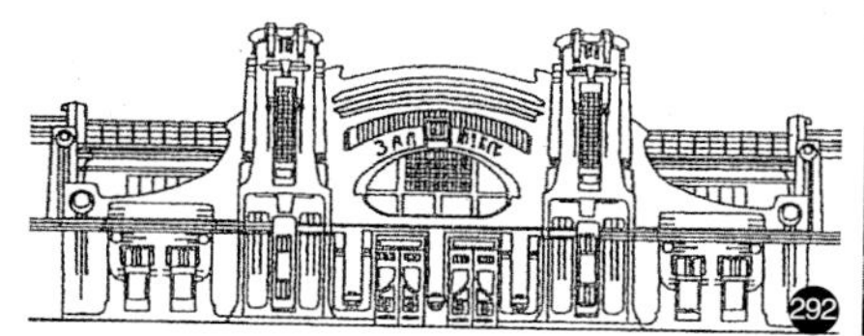

291 天津，天津早期的法国领事馆，1861 年

292 黑龙江哈尔滨，哈尔滨中东铁路管理局大楼，1902 年

293 广东江门，开平碉楼瑞石楼

294 北京，中华圣公会教堂，1907 年

系的政治宣言和立场，集中体现了美国开国元勋的思想。

6. 清末建筑发展受到的外来影响

清朝末期，国力逐渐衰弱，战乱不断。随着侵华战争的发生，清朝被迫打开了国门，开放了广州、厦门、福州、宁波、上海五个通商口岸，签订了一系列不平等条约。设立了通商口岸，使得清朝与国外的交流越来越频繁，引起社会文化的变迁。这个时期的建筑形式十分复杂，既有延续下来的旧建筑体系，又有引进的新建筑体系，总体而言，主要分为西洋式建筑、传统复兴式建筑和现代建筑。

西洋式建筑主要出现在洋务运动时期、清末“新政”时期的通商口岸、外国租界等被动开放的特定区域，从风格上看，它是一种被称为“殖民地式”的“外廊样式”。这种建筑形式以带有外廊为主要特征，一般为一二层楼，带两三面外廊或周围外廊的砖木混合结构房屋。如上海早期苏州河畔的德国领事馆、天津早期的法国领事馆（图 291）和北京东交民巷使馆区的英国使馆武官楼等。

在中外建筑文化碰撞的形势下，中国近代出现了各种形态的中西交汇建筑形式。一种是传统旧体系建筑的“洋化”，如广东侨乡的开平碉楼（图 293），生动地体现了华侨群体主动吸取国外建筑形式，开放、包容地接纳西洋文化的姿态，被誉为“华侨文化的典范之作”。另一种是外来新建筑体系的“本土化”。建于 1907 年的北京南沟沿救主堂，又称中华圣公会教堂（图 294），这座教堂把西式教堂平面和结构形式与中式建筑屋顶和内部装修糅合到了一起，是“中国式”教堂建筑的代表性实例。

19 世纪下半叶，通过外国建筑师的推动，欧洲兴起的新艺术和青年风格派运动也传入了近代中国。20 世纪初在哈尔滨、青岛等租借地城市，开始出现了一批新艺术和少量青年风格派的建筑。建于 1901 年的哈尔滨火车站，1902 年的哈尔滨中东铁路管理局大楼（图 292），以及同期陆续兴建的铁路技术学校、莫斯科商场等一大批建筑，都是新艺术风格的建筑。这些建筑都采用吻合功能的空间，较为简洁的体量，摒弃了西方古典柱式，用流畅的曲线展现出当时最新的建筑潮流。

小贴士

青年风格派： 兴起于 1891 年至 1905 年，是一场全欧范围内的新兴风格流派。在德国，慕尼黑的年轻艺术家们根据一本《青年杂志》的名称，把这种新风格定名为“青年风格”。它摆脱单纯的装饰性，而向功能性第一的设计原则发展，因此被视为介于新艺术运动和现代主义设计之间的一个过渡性阶段的设计运动。其线条表现手法是曲线派，主张师从自然，以模仿自然界动植物纹样的线条进行装饰。

三、室内设计发展

1. 古典复兴发展时期

古典复兴是 18 世纪晚期，以法国为中心的、波及欧洲各国、俄国和北美，形成的一股国际化的复古思潮。从表面上看，古典复兴是对 17 世纪法国古典主义及古希腊、古罗马等艺术风格的复兴，但背后折射出的是在科学发展的推动下，西方人理性认识的提高。古典复兴以古典美为典范，重新采用古典柱式，但更注重对现实生活的关注，强调在新的理性原则和逻辑规律中追求简洁单纯的形式和合理的功能布局。

复古思潮中最壮观的建筑代表是布赖顿的皇家别墅（图 295)，是约翰 · 纳什设计的一处居住和娱乐的宫殿。这座宫殿混杂着东方风格，有着洋葱顶主导的外观，别墅内部是一系列富于幻想性装饰的房间，用了精巧的枝状吊灯和新发明的汽灯，显示了照明的新水准。其中还运用了中国式的壁纸和竹家具、红色和金色的精美织物、带有黄铜的嵌饰和边条的家具，各种新颖的粉红色和绿色的地毯。通过强烈的色彩搭配，布赖顿皇家别墅变为重装饰的摄政时期设计的典型代表。

由雅克 · 日耳曼 · 苏弗洛设计的圣日内维耶大教堂（图 296），又称先贤寺，综合了古希腊和古罗马的神庙建筑、圣彼得堡大教堂及哥特式建筑的结构和形式，呈对称十字形。为了避免一览无余的视觉效果，整个空间被侧廊层层划分，但通透连续。天花由五个穹顶组成，彼此间用筒形拱过渡连接，开合有度、虚实相生。各界面构件装饰均采用规整几何形，严谨而又不失分寸，地面放射状花纹呼应天花，整个室内一派优雅，有新古典主义的鲜明色彩。随着复古思潮的广泛

295 英国，布赖顿的皇家别墅，约翰 · 纳什设计，1815—1821 年

296 巴黎，圣日内维耶大教堂

297 柏林，柏林博物馆

298 纽约，圣三一教堂，理查德·厄普约翰设计，1846 年

299 费城，宾夕法尼亚美术学院，弗内斯设计，1871—1876 年

传播，室内设计也从新古典主义迅速过渡到了希腊复兴式和哥特复兴式阶段。

欧洲的希腊复兴建筑有柏林博物馆（图 297），这座最早的博物馆建筑没有采用古希腊室内较小且昏暗的庙宇建筑形式，而在室内设计中做了一些相应的调整。老博物馆位于门廊后，从门外楼梯大厅凉廊可直达中心穹顶下的大圆厅，通过楼梯再将人引向中央大厅上层的展览室。展览室呈矩形，设有两个采光井，室内充满了新古典主义主题的细部、绘画以及雕塑。

哥特式复兴样式的作品有圣三一教堂（图 298），采用半圆形拱券和其他罗马风格主题，以一种完全独创的方式围绕一个巨大的中心交叉点处的塔楼进行布置。外部是粗琢石工艺，带有精致的细部，室内空间因彩色玻璃窗而使得明亮的光线受到影响，形成了一种神秘的氛围。顶棚的形式在室内占据了主要地位，外面包着木材，所有表面都装饰着彩色图案或是绘制的带有蓝绿色和金色的暗红与红棕色人像。

2. 维多利亚时期

在维多利亚时期，流行华丽的装饰设计风格，一般情况下府邸的体量较大，甚至追求宏伟的效果。府邸空间常有大厅、小礼拜堂和数目众多的卧室，按照个人的喜好自由变更和重新装饰，但都保持着古典传统的样式，装饰复杂而繁多。1851 年，工业革命及其对制造业的影响使得生产手工艺式的装饰物件变得容易，因此，维多利亚时期繁复多余的装饰变得更廉价、普遍。

典型的维多利亚装饰风格有宾夕法尼亚美术学院（图 299），由弗内斯设计。室内频繁地使用维多利亚式的短柱和尖券，空间渗透着恰到好处的几何美感。强烈而统一的色彩与图形化的墙面装饰形成对比，红蓝白相结合的配色设计使空间简单、空阔，很好地衬托了墙面的复古雕饰与艺术品陈设，令人耳目一新，从雕刻、灯具装饰等细节中也能明显感觉到维多利亚式的风格特点。

采用了维多利亚木板房风格的金斯科特住宅（图 300），带有木作哥特式与木板房式结合的特点。室内拱形装饰与细滑曲线极大地提升了室内空间的精致感，平面布局有意制造不连贯的感觉，立面上连续使用嵌板、墙纸、小格拼花、壁炉等典型的维多利亚式特色元素。

强调维多利亚式垂直比例的舒墨别墅，呈联排组合结构，整齐且富有秩序。但由于其建筑结构的特点，室内自然光线不够理想。顶棚和门窗设计通常又高又窄，有了中央供暖后依然保留壁炉作为装饰之用，且常将精心装饰过的壁炉架延伸至顶棚。

由约翰·诺顿设计的泰勒斯费尔德府邸，是典型的维多利亚混合式设计。设计和哥特式有关联，到处都是仿哥特式的木作和粗糙的彩色地砖，还有一些不同于哥特式的凸窗、角楼和塔形。房间内家具布置饱满，形式多样，略显拥堵。墙壁上悬挂或陈列着来自中国和日本的画作、花瓶和瓷器。其他细部装饰细腻、复杂，以尽力展现中产阶级的安逸富足。

3. 工艺美术运动时期

工艺美术运动强调手工艺，明确反对机械化生产，在装饰上反对矫揉造作的维多利亚风格和其他传统的古典、复兴风格。其主张在设计上回溯到中世纪的传统，恢复手工艺行会传统；主张设计的真实、诚挚，形式与功能的统一；主张在设计装饰上要师法自然，推崇东方式的特别是日本式的装饰特征，采用大量的卷草、花卉、鸟类等装饰图案。这场运动的理论指导是作家约翰·拉斯金，而运动的主要人物则是艺术家、设计家威廉·莫里斯。

用红色砖墙、红色屋顶和自然装饰风格来体现威廉·莫里斯理想的建筑红屋（图 301），被视为迈向现代设计观念的一步。其平面布局、外部形式以及窗户和门的安排都严格遵守内部功能需要。在外部装饰中摒弃了古典主义的立

300 罗德岛纽波特城，金斯科特住宅，理查德·厄普约翰设计，麦金·米德和怀特事务所负责扩建部分，1839 年初建，1881 年扩建

301 伦敦，红屋室内装饰

小贴士

传统英式乡村风格： 摒弃惯有的奢华和繁琐，强调回归自然的设计理念，在外形上最具古典造型与现代线条，工艺上简单自然，细腻而统一的色调、华丽又低调的图案、充满浓郁的生活气息。风格素雅，家具以白和木色为主，对布艺质感和色彩的选择非常重视。

302 芝加哥，罗比住宅，弗兰克·赖特设计，1908 年

303 英格兰赫特福德郡，果园住宅，查尔斯·沃伊齐设计，1900 年

304 加利福尼亚，甘布尔住宅，格林兄弟设计，1908 年

面和细部装饰，直接将红砖外露，没有覆盖灰泥，也没有多余的装饰。洞口上的尖券是真实的砖券，烟囱服务于实际的壁炉，大窗户、小窗户与内部空间有关，就连草地上的井屋都用于一口真实的水井。不规则的平面根据实际功能设计，而非哥特式的奇想。古典主义形式和哥特式形式同时被放弃，换成功能上的简洁和外观上的质朴。

弗兰克·赖特设计的罗比住宅（图 302），其室内风格反映出家具设计中带有中国明代风格特征，但是却不拘泥于东方细节，而是更加注重纵横线条的装饰效果。餐厅部分是起居空间的延伸，两者之间仅以一座独立壁炉和烟囱加以分隔，环绕桌子的高背椅，位于桌脚的灯具都力图给人一种围合的感觉。

由查尔斯·沃伊齐设计的果园住宅（图 303），是设计师的自住住宅，依照传统英式乡村风格设计，室内格调朴素，但比例表现大胆，如厅堂大门的高度被提升到挂镜之上，顶部的金属铰链几乎横跨大门，使大门在视觉上产生延展宽度的效果。设计的另一特点是将室内的木制品和天花都漆成白色，并结合大面积玻璃窗，令空间显得十分敞亮。

甘布尔住宅（图 304），木质构架，结合点用销子固定，构造细节都具有显著的视觉特征。家具采用手工制作，有色玻璃随处应用于门窗和其他照明装置，空间设计将平台、走廊和院子相连通，将室内和花园融为一体，与英式住宅一贯秉持的布局原理截然不同。

4. 新艺术运动时期

新艺术运动受到工艺美术运动思潮的影响，于 19 世纪末到 20 世纪初在欧洲产生和发展，是人们对当时矫饰的维多利亚风格和其他过分装饰风格的反抗结果，是对工业化的强烈反应。新艺术运动的作品表现出对自然的回应，神秘而绚丽的自然可以提供一切素材和灵感。基于这种渴望和热爱，自然主义风格成为新艺术作品的主要特征之一，藤蔓、花卉、蜻蜓、甲虫等等都成为新艺术运动大师们常用的主题。东方风格特别是日本美术、浮世绘对新艺术运动产生了较大影响。

典型的新艺术运动代表作品有比利时建筑师、设计师维克托 · 霍塔于 1892 年在布鲁塞尔设计的塔塞尔住宅（图 305）。其住宅的立面呈对称的联立式样，不对称的立面造型中有扭曲的铁质阳台支撑和高大的玻璃窗，造型完全是传统的建筑模式。然而，在建筑的内部却有一个复杂而且开敞的楼梯，楼梯上有曲线状的铁栏杆和支撑立柱。同时还带有曲线形式的灯具装在有图案的墙上和有装饰的顶棚上，在地面上铺有马赛克花砖的图案，使得室内空间更加开敞和流通。室内的每一处细节，包括家具、灯具、彩色玻璃嵌板、门窗和窗框，甚至包括金属器具，都有新艺术运动的曲线造型以及与自然密切联系的装饰细节。

巴特罗公寓是新艺术运动风格作品的特例（图 306、307），每间公寓平面都呈不规则的形状，组合起来像石头马赛克拼图。在屋顶层上，屋顶平台装饰着细碎的彩色小瓷砖，其组合形式也类似马赛克拼图。烟囱和通风孔被塑造成奇特的雕刻物。巴特罗公寓门厅中的桌、椅、门、窗框都采用流线型石膏，体现了高迪个性化的新艺术运动风格。

305 布鲁塞尔，塔塞尔住宅，维克托 · 霍尔塔，1898—1911 年

306 巴塞罗那，巴特罗公寓，安东尼 · 高迪设计，1904—1906 年

307 巴塞罗那，巴特罗公寓平面图，安东尼 · 高迪设计，1904—1906 年

308 南锡，马松住宅，欧仁 · 瓦林设计，1903—1914 年

305

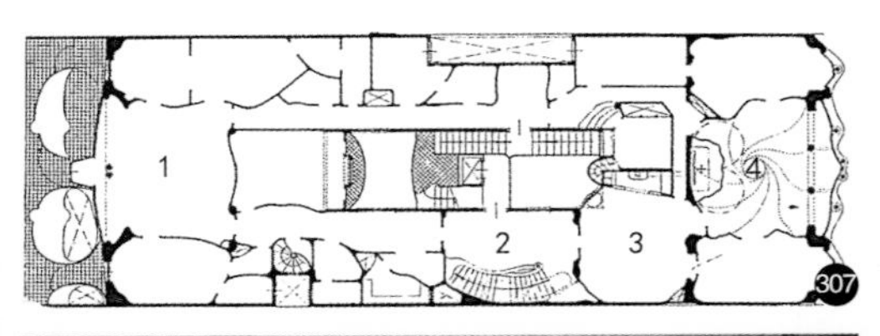

307

306

308

309 巴黎，卡斯特尔·贝朗热大楼，赫克托·吉马德设计，1894—1899 年

310 巴黎，巴黎歌剧院，让·路易·夏尔·加尼耶设计，1861—1875 年

311 马萨诸塞州波士顿，波士顿公共图书馆，麦金、米德和怀特事务所设计，1895 年

312 纽约，宾夕法尼亚火车站，麦金、米德和怀特事务所设计，1904—1910 年

在马松住宅（图 308）里，餐厅的各种细部设计、木质的橱柜，壁炉框与支架顶棚细部，悬挂的灯具、地毯和家具都以流线型的曲线来表现，各种曲线造型包括花纹样的地毯，全都体现出典型的新艺术运动特征。

卡斯特尔·贝朗热大楼（图 309）是一栋位于巴黎的六层公寓楼，公寓楼为围绕着一个中心庭院建造，庭院由门厅通道进入。入口券门暗示罗马风式样，柱上有弯曲的雕刻装饰，将赤陶瓷砖、金属细部用于墙面，并一直延续到顶棚上，其入口的金属门细部也运用了流动曲线型的新艺术运动形式。

小贴士

学院派：始于 16 世纪末的意大利，十七八世纪在英、法、俄等国流行。其中法国的学院派因官方特别重视，所以势力和影响最大。学院派重视规范，包括题材的规范、技巧的规范和艺术语言的规范；重视传统，向传统学习，因而学院派反对所有的改革；重视基本功训练，强调素描，贬低色彩在造型艺术中的作用，并以此排斥艺术中的感情作用。

5. 折中主义时期

折中主义没有固定的风格，可以任意模仿历史上各种风格，或自由糅合各种式样，或东方、西方、古代、中世纪的风格混合，汇聚一堂。折中主义讲究对比例的推敲，沉醉于“纯粹形式美”，虽然未能摆脱复古主义的范畴，却对欧美影响极其深刻，尤以法国最为典型，后又在美国盛行。

法国的巴黎歌剧院（图 310）是学院派设计的杰出代表。其功能布局满足了大量观众的分流需求，创造了宽敞的活动空间。这座马蹄形多层包厢式剧院全部用钢铁框架结构，非常轻巧。内部装饰采用了辉煌的巴洛克风格，富丽堂皇。门厅、休息厅到处布置着雕塑、绘画、灯具等饰物，花团锦簇。中央的大楼梯设计得最为出色，用雕像、树形灯、彩色大理石和券廊把整个楼梯装饰得华丽无比。就连屋顶都被设计成一顶王冠的样式，显示出皇家歌剧院的身份。由于歌剧院一身的珠光宝气，所以也被喻为“巴黎的首饰盒”。

由麦金、米德和怀特事务所设计的波士顿公共图书馆（图 311），采用意大利文艺复兴样式，顶部带有彩色的大梁，简单的基座上有线性排列的券形窗，室内设有大型壁炉和壁炉台，用一部宽敞的大楼梯直通上层，门洞使用大理石制的科林斯柱式装饰，一条带状壁画布置在门洞和壁炉的上方。

20 世纪早期铁路业的发展刺激了大型铁路枢纽站建筑的出现，同样由麦金、米德和怀特事务所设计的宾夕法尼亚火车站（图 312），是以古罗马卡拉卡拉浴场为模型建造。它可以通过自街道向下延伸的宽大楼梯到达，威严的拱形车站，月台的屋顶采用玻璃和铁制成的结构，大厅布置着巨大的科林斯柱子和镶板拱顶，是 20 世纪最壮观的室内空间之一。

采用古典文艺复兴样式设计的浪花府邸（图 313），房间环绕着一个两层高的中庭对称布局，墙面装饰科林斯的壁柱，入口门廊还布置有四根独立的科林斯柱子，二层的卧室也布置得相对简洁。

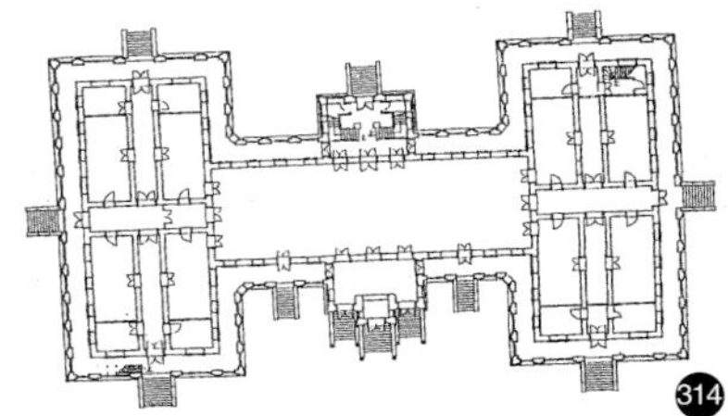

313 罗得岛纽波特市，浪花府邸，理查德·莫里斯·亨特设计，约 1895 年

314 陆军部南楼，1907 年

315 北京市，北京饭店老楼，1903 年

6. 清末室内设计发展

清朝末年，随着洋务运动、戊戌变法等运动的兴起，天津、汉口、广州、青岛、大连、哈尔滨等城市引进许多西洋新建筑体系，出现了一些新的行政建筑、交通建筑和商贸建筑。与此同时，仍然延续着原有的传统建筑体系。设计师局部地运用了近代的材料、装饰手法，但并没有摆脱传统的技术体系和空间格局，基本上保持着因地制宜、因材致用的传统风格和乡土特色。总体说来，处于现代转型初始期的清末，是中国建筑发展史上的一个承上启下的过渡时期，同时也是中国室内设计发展史上的一个中西交汇、新旧接替的融合时期。

随着封建王朝的衰落，颐和园的重建和河北最后几座皇陵的修建，成了封建皇家建造的最后一批工程。中国古代的木构架建筑体系，在官式建筑系统中终止了活动，而在民间公共空间的设计中却仍然不间断地被延续。

19 世纪 60 年代，清政府洋务派开始创办军事工业，在清末为推行“新政”和“预备立宪”所建的一批新式官署中，以建于 1907 年的陆军部南楼（图 314）最具代表性。这组由中国人沈琪设计的建筑组群，总平面布局还带有旧式大门、仪门、大堂、二堂的痕迹。其主体建筑南楼是中部凸起钟楼，周圈环绕券廊，采用砖墙承重，运用砖拱券、砖叠涩的西式楼房。繁琐的细部装饰和曲线形的山墙轮廓浸透着“巴洛克”意味，砖雕纹饰又糅合了卷草、花篮、寿字、万字等中国传统的世俗题材，属于早期一度流行的变体样式，生动地反映出西式单体空间与中国式总体布局、西式体量造型与中国式细部装饰的双重结合特征。

在近代中国庞杂的公共空间系列中，商贸类建筑是最突出的发展类型。它涉及银行、洋行、海关、商店、大百货公司、饭店、影剧院、夜总会、游乐场等等。

建于 1903 年的北京饭店老楼（图 315），坐落于东长安街与王府井商业街交汇处。七层的法式洋楼风格采用 17 世纪的法式格调，室内突出了法式豪华的装修和浪漫的情调。首层有餐厅、厨房、理发室等，二至六层是客房，每层有 21 套客房，共 105 套，七层设有酒吧间和露天舞池。饭店内装有电苏瓦、

小贴士

“预备立宪”：清政府在辛亥革命前夕宣布为预备实行君主立宪所采取的一系列措施，亦称“筹备立宪”。义和团运动后，资产阶级改良派为抵制革命，展开了要求实行君主立宪的立宪运动，并取得了清廷中央和地方一些汉族官僚的支持。但是这项政治活动有着保守性和欺骗性，加剧了中央与地方、满汉之间、阶级之间的矛盾，引起了社会的极大混乱，加速了清朝的灭亡。

电话总机，客房里有暖气、卫生间，称得上是当时北京首屈一指的高级饭店。

商贸类设计发展的特征主要体现在：无论在平面、立面上都追求对称的构图模式，传统街巷空间的特点逐渐被打破，出现了均衡构图；室内功能上由单一向复杂变化，室内的舒适度随着技术、设备的进步而不断提高；以西式室内风格反映西方资产阶级的商贸价值观。其材料、结构跟随着西方的步调，没有延续传统的文脉，是直接宣扬着经济全盛时代追求的商业精神。

公共空间新类型的发展，是近代中国设计转型的最主要体现，是引进的新建筑体系。而旧建筑体系，则主要体现在居民空间设计上。

清朝末期，出现的新住宅类型有外来移植的住宅和本土演进的住宅。外来移植住宅是指从西方国家传入和引进的新住宅类型，主要分布在大中城市中，有独户型住宅、联户型住宅、多层公寓、高层公寓等。本土演进的住宅是指由传统住宅适应近代城市生活需要，接受外来建筑影响而糅合、演进的新住宅类型，如里弄住宅、居住大院、竹筒屋、铺屋和其他侨乡住宅形式。

清末的半殖民地半封建社会的性质导致了社会发展的不平衡，最主要的体现是近代设计中，无论是建筑设计还是室内设计都没有取得全方位的转型，明显地呈现出新旧两大体系并存的局面。

316 路易十六式家具

317 摄政时期的扶手椅

318 贝尔特扶手椅，贝尔特设计

319 温莎椅

四、室内陈设艺术发展

1. 室内家具陈设

18 世纪末至 19 世纪前半期的欧洲社会以新古典主义家具设计为主，此时的家具又称作路易十六式家具（图 316）。其特点是在家具制作和装饰手法上对前期过于矫揉造作、豪华奢丽的风格做了明显的修正，以几何形式和直线的造型代替曲线，以对称构成代替非对称，以纹样的简洁明快代替繁琐隐晦，追求比例协调，结构清晰。

古典复兴家具设计很大程度上受法国样式和帝国式设计的影响。摄政时期的扶手椅（图 317）设计通常在外表面的形式中采用受欢迎的红木和花梨木材料，并常有黄铜的镶嵌物和细部装饰。黑色的表面和镀金的细部也常见，桌椅的腿上有奇异的雕刻，由狮子或秃鹰的头和身子逐渐缩为一只脚，称作单腿式。

维多利亚时期的家具由于采用工厂生产的方法，运用蒸汽压力机的技术，能够将细条实木弯成曲线的形式。其由许多弯木块组成，装饰丰富而比较廉价，可供应给大众。家具倾向大尺度和过度的装饰，用木框架搭配垫子，设计得富丽、复杂和厚重。1860 年，纽约贝尔特设计的扶手椅（图 318），用折痕和束卷来强调形式，既舒适又显得华丽。

工艺美术运动时期的家具设计造型特征和艺术风格在莫里斯的工艺思想影响下产生了巨大的变革，精湛的手工技艺和人的思想感情都被赋予在各类家具设计制作之中。温莎椅（图 319）以靠背的精妙处理而闻名，工艺精妙的靠背以纤细秀丽的木条作为装饰，与中轴线上的镂雕装饰形成疏密有致的对比关系。椅背外轮廓以柔润的弧线构成，体现出优美典雅的艺术形式，给人以美的视觉和良好的触觉享受。

新艺术运动时期的家具设计与工艺美术运动时期相比，更加注重从大自然中汲取灵感，比如植物纹样、大量的曲线运用，同时也受到日本浮世绘艺术的影响。在 1900 年巴黎世界博览会上，法国宾集团展出了新艺术之家的家具作品，其作品有强烈的自然主义倾向，模仿植物的形态和纹样，取消直线，刻意强调有机形态。吉马德设计的家具和家庭用品，也都采用了大量植物的缠枝花卉，造型奇特。

到了折中主义时期，家具商店和百货商店的特色是销售“传统的”商品，同时还经常提供标准房间布置的样板、家具和设施，向顾客提供建议和装饰上的帮助。家具制造商宣称他们提供的家具代表了一种或另一种时期的风格，特别是殖民式。即便像收音机（图 320）这样的现代发明，也要做成具有某一传统风格的木盒子。用木窗花格形式对收音机扬声器的圆形加以设计，如同中世纪玫瑰窗和尖券形的箱子，哥特式木柜收音机广为流行。

320 收音机

321 纺织品，威廉 · 莫里斯设计

2. 室内平面装饰

室内平面装饰的代表威廉 · 莫里斯，他的纺织品（图 321）设计常依据自然母题，表达对自然界的极大尊重，植物、花朵和小鸟都是他作品的主题。他的作品表面上与工厂制作的维多利亚风格的印刷品相似，但是当许多维多利亚风格设计呈现出虚假、沉重和过度装饰的缺点时，莫里斯的设计却带有简洁、高贵和极富生机的品质。

3. 金属及玻璃工艺

欧洲早期工业社会的陶瓷工艺在法国、德国、英国比较兴盛，它们在洛可可式陶瓷工艺的基础上显示出新的装饰特点。自 1770 年开始，法国塞弗尔的陶瓷装饰便以古典题材为主。当时流行的一种带盖的瓷壶，造型较大，高达 50 多厘米，通体呈青釉色，多做希腊神话题材的装饰。18 世纪 80 年代以后，法国瓷器的新古典主义装饰趣味愈加明显，不少作品均以古典花饰和女性像为主要题材。

金属工艺不论在造型设计还是在制作技术和装饰手法上，都明显地摆脱了洛可可时期矫揉造作、刻意追求浮华绮丽装饰效果的风尚，呈露出精致而典雅、庄重而含蓄的工艺特征。这个时期的金属工艺，主要体现在宫廷和王公贵族日常生活中使用的餐饮具、祭器和陈设品上，以及家具装饰、室内陈设等方面，运用十分广泛。从整体来看，这时的金属工艺作实用用途的占大多数，作为装饰的则较少，另外，金属与其他材质相搭配而制作工艺品是一个显著特征。因此，这个时期的金属工艺的装饰手法丰富而新奇。

玻璃工艺在欧洲主要用于宫廷和贵族阶层的日用器具的制作，如玻璃盖杯、酒杯及各种罐、瓶等容器；还用于灯具、壁镜等室内陈设的制作。另外，在一些新建造的教堂里，彩绘玻璃窗也作为重要的装饰手段而颇受欢迎。新艺术运动时期的蒂凡尼在玻璃制品（图 322）设计上具有很大的影响力。他设计的一些装饰性的瓶、碗、厚纸板以及其他的一些产品，以植物或纯抽象色彩图案以及纹理图案为母题。不同种类的玻璃制品有不同的名称，欢心式、塞浦路斯式、浮雕式、熔岩式等都是根据不同的生产流程产生不同设计的玻璃制品。在早礼拜的讲坛上常用明亮闪烁的色彩，以表达一种宗教崇拜。他设计的著名的蒂凡尼式灯具运用了造型多样的金属基座，灯具的玻璃罩常常是片状的铅条彩色玻璃或是单个的彩色球状，式样是欢心式。一些灯具的小玻璃灯罩呈簇状并且常用复杂的金属基座支撑，基座造型类似于花卉、葡萄藤的茎，另外还常用其他的自然形式，包括孔雀羽毛、昆虫羽翅来替代植物式样，是室内陈设中主要的装饰物件。

322 蒂凡尼玻璃制品，蒂凡尼设计

323 紫檀镂雕西洋花长方桌

324 酸枝木嵌螺钿脚踏，现在陈设于储秀宫西次间

325 黑漆描金东洋梳妆台

4. 清末家具陈设

清代家具在造型艺术上喜用仿造，常见的有仿竹、仿藤、仿青铜器，清晚期的设计更趋向繁琐、庄重的浮雕镂雕以及各种曲线线形。这些仿制家具在结构上往往都独具匠心，妙趣横生。并且，由于清末的特殊时代背景，吸收外来文化，融汇中西艺术的西化现象十分明显。尽管这种“西化”主要表现在装饰图案和装饰手法上，但对传统的造型也产生了一定的冲击力。西洋化的家具案例有紫檀镂雕西洋花长方桌（图 323），长 0.825 米，宽 0.457 米，高 0.83 米。紫檀木制，面下有束腰，浮雕连续珠花，牙条浮雕西洋卷草花，牙下加雕西洋卷草花，足端外翻雕卷叶纹，较多地吸取了西洋的装饰手法。

清代后期还较为流行的是螺钿花纹，不是凸起而是与家具表面齐平的工艺设计。如酸枝木嵌螺钿脚踏（图 324），长 0.62 米，宽 0.31 米，高 0.17 米。酸枝木制成，面下有束腰，直牙条下垂洼堂肚，回纹内翻马蹄。在牙条与腿部镶嵌螺钿杂宝花纹。

清代晚期制品有黑漆描金东洋梳妆台（图 325），长 0.92 米，宽 0.73 米，高 1.685 米。通体黑漆，由上中下三节组合，镶嵌金漆的彩绘花卉纹版心。上节顶部两端安翘头，下安金漆的彩绘花草纹拖拉门，中留一段空间，两端有角柱支撑，下落两个小厨，中间平设两层抽屉。正中立一面玻璃镜，供化妆使用，中间为台面，前脸平设抽屉三具，以金漆作底，描画折枝花卉纹，面下左右角各装鼓腿膨牙象鼻式足。

5. 彩画、雕塑及陶瓷制品

明清时期的油漆工艺得到广泛使用，木构件上常面涂油漆以保护木材。梁檐横板常采用和玺彩画、旋子彩画、苏式彩画。和玺彩画仅用于宫殿、坛庙，等级最高，特征是在梁枋上箍头处采用有坐龙的盒子，藻头用齿形衍眼及降龙图案，枋心则用行龙图案装饰（图 326）；旋子彩画级别略低，仅次于和玺彩画，可广泛见于宫廷、公卿府邸，应用范围较广，主要特点是在藻头内使用带卷涡纹的花瓣，俗称旋子。旋子彩画最早出现于元代，明初即基本定型，清代进一步程式化，是明清官式建筑中运用最为广泛的彩画装饰类型（图 327）；苏式彩画源于江南苏杭地区民间传统做法，俗称“苏州片”。一般用于园林中的小型建筑，如亭、台、廊、榭以及四合院住宅、垂花门的额枋上等。苏式彩画底色多以土朱（铁红）、香色、土黄色或白色为基调，色调偏暖，画法灵活生动，题材广泛。明代江南丝绸织锦业发达，苏画多取材于各式锦纹。清代，官修工程中的苏式彩画内容日渐丰富，博古器物、山水花鸟、人物故事无所不有，甚至西洋楼阁也杂出其间，其中以北京颐和园长廊的苏式彩画最具代表性（图 328）。

传统中国雕塑的主流有宗教雕塑和陵墓雕塑。由于清代信仰佛教，封建供奉之风兴盛，各种寺庙林立，寺庙造像也较为发达。而清代的陵墓雕塑基本上沿袭了明代，由于陵寝制度完善，所以陵墓雕塑缺乏追求整体的艺术性，技法意识大于艺术意识，模式性大于创造性，雕塑中更多地渗透了皇家宫廷意识，从而使陵墓雕塑成为统治阶级意识形态的直接显示，这些雕塑除了政治上的歌颂作用和环境上的装饰作用外，艺术价值较低。

除了传统雕塑外，清代末年的民间小型雕塑和建筑雕塑发展迅猛，民间小品雕塑题材广泛，有人物、佛像、山水、花鸟等。其材料多样，不仅装饰工艺、技法各有千秋，有玉雕、牙雕、竹雕、木雕等，表现手法也各异，或朴实淳厚，或精巧玲珑，或稚拙古朴，呈现出装饰风格复杂多样的面貌。

清末的陶瓷仍以景德镇为中心，在生产技艺上继承传统且有不同的创新。这时期的瓷器胎质细腻、釉光莹润、色彩绚丽、镂雕精致，有着形式多样、纹饰繁杂、技艺精湛等特点，主要体现在青花、古彩、粉彩和珐琅彩等方面。陶瓷制品依然是室内装饰设计的主要摆设物品。

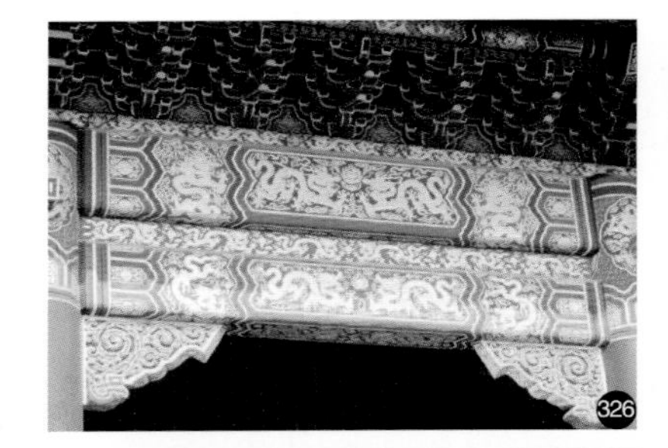

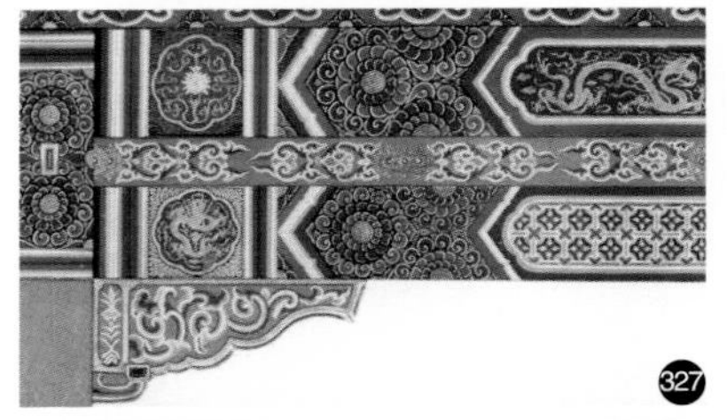

326 太和殿横梁的金龙和玺彩画

327 旋子彩画常用样式

328 北京颐和园长廊苏式彩画

课堂思考

1. 工艺美术运动和新艺术运动的设计特征有哪些差异?
2. 为什么清朝末期在设计上会出现新旧两大体系?
3. 这一阶段，欧洲还出现了哪些设计风格的运动?

Chapter 8

工业化时期

学习目标

学习工业化时期现代主义运动、国际主义风格、装饰艺术运动、波普风格、高科技风格的建筑、室内以及室内陈设等方面的历史发展和设计特色；了解地域装饰特征差异。

学习重点

1. 了解国际主义风格的基本特点。
2. 了解欧洲及中国此阶段室内装饰设计的演变过程。
3. 总结这一阶段中西建筑及室内设计风格结合的特征及其影响。

工业化时期启蒙于 19 世纪末 20 世纪初，工业的进步给建筑和室内设计领域带来了颠覆传统的变革。在这一时期出现了：萌芽于欧洲的现代主义运动（1900—1950/1960 年）；流行于美国的国际主义风格（1927 年）；在法国、美国和英国展开的装饰艺术运动（20 世纪 20—30 年代）；在美国现代文明影响下的一种流行文化“波普风格”（20 世纪 60 年代）；崇尚“机械美”的“高科技风格”（20 世纪 50 年代后）。工业化时期的中国处在变化和动荡的民国时期（1911—1949 年），中西风格相互交融的设计昙花一现。

一、概述

1. 现代主义

在 19 世纪末 20 世纪初，欧美国家工业技术迅速发展，新的设备、机械、工具不断被发明出来。随着生产力的提高，现代主义运动开始兴起，在意识形态等各个方面影响深远，包括在建筑和室内设计领域打破了人们以往的审美观念，产生了新的思想潮流和设计风格。

从 20 世纪初开始发展的现代主义设计，是在欧美国家同时产生的风格运动之一。此时的设计界面临两个亟待解决的问题：一方面，工业技术的迅速发展给社会结构和生活带来了很大的冲击，许多技术产品以及各种现代建筑、城市规划等，在设计上都存在着许多问题；另一方面，以往的设计只为极少数的权贵服务，如何改变设计的服务对象的问题也迫在眉睫。于是，世界各国的设计先驱们在各个意识形态领域不断探索，不仅从思想层面上改变了设计观念，发展了新的设计风格和形式，在技术层面上也取得了很大的进步，尤其是对于新材料的运用。

2. 国际主义

国际主义风格虽然起源于美国，但与现代主义设计是一脉相承的。在美国爆发经济危机之前，美国的设计风格总的来说是偏向传统的，现代主义的设计风格并不被其接受。自1929年到1933年美国爆发的经济危机，使得美国人的想法在发生转变。之后，第二次世界大战爆发，欧洲的大批设计师来到美国避难，甚至连包豪斯的教员也都基本流亡到美国，这就将现代主义设计带到了美国，二者相互碰撞，发展成了国际主义风格。国际主义风格从某种程度上来说是现代主义设计的发展，虽然与现代主义设计形式上相似，但思想上却大相径庭。美国的国际主义风格，在一定意义上是为了普通人中的有钱人服务的，这就与战前欧洲的现代主义设计是为了大众服务的理想背道而驰。

3. 装饰艺术运动

装饰艺术运动于20世纪20年代初流行于欧洲大陆，30年代左右踏足美国，与现代主义设计几乎发生于同一历史时期，这是一次风格十分特殊的设计运动。装饰艺术运动受到现代主义运动的影响很大，设计师不再回避机械形式和新的材料。由于受到20年代西方普遍繁荣的影响，设计师探索用大量的新的装饰动机与机械形式结合在一起，主张机械化形式的自然和华贵，同时又在选用的材料上主张现代主义精神，这种独特的风格颇受普通老百姓喜爱。

4. 波普风格

在20世纪60年代，英国为了在设计领域赶上国际先进水准，依据当时国家与国际之间的特殊情况，努力打破现代主义、国际主义风格的束缚，从而开辟了一个完全不同的设计风格，即“波普风格”。

5. 高科技风格

“高科技风格”发轫于20世纪50年代后，是一种崇尚“机械美”，并关注不断进步的新技术、新工艺和新材料的设计风格，强调工艺技术与时代感。法国巴黎的蓬皮杜艺术中心标志着第一代“高科技风格”的确立。

小贴士

装饰艺术运动：20世纪20到30年代在法国、美国和英国等国家开展的一次风格非常特殊的设计运动。这场运动与欧洲的现代主义运动几乎同时发生与发展，因此，装饰艺术运动受到现代主义运动的极大影响，但是它的服务对象依然是社会的上层，是少数的资产阶级权贵，这与强调设计民主化、强调设计的社会效应的现代主义立场大相径庭。

Chapter 1 原始社会时期
Chapter 2 奴隶社会时期
Chapter 3 古典时期
Chapter 4 中世纪时期
Chapter 5 文艺复兴时期
Chapter 6 巴洛克 洛可可时期
Chapter 7 欧洲早期工业社会时期
Chapter 8 工业化时期
Chapter 9 后工业社会时期

6. 民国时期的设计

民国时期是中国设计史上的重要时期，是由传统设计向现代设计过渡的一个阶段。由于时代的特殊性，这是一个文化杂糅的时期，当时大量的国外设计师涌入中国，使得西方文化渗入，中西风格既相互对抗，又相互交融，共同构成了兼容中外、融汇南北的民国设计图卷。

二、建筑发展概况

19 世纪下半叶至 20 世纪初为工业化时期。工业技术在欧洲迅猛发展，伴随着机器时代的到来，不可避免地给人们的生活方式、思维方法和社会环境造成了一定的冲击。人类在迈向现代社会的同时，对于时间和空间的认识也有了新的变化。工业技术的迅速发展与存在着诸多问题的现代设计之间的矛盾，成为当时亟待改善的问题。新的建筑需求的提出，使得西方在建筑艺术方面也发生了一些前所未有的变化，一方面各式各样的新的建筑类型被创作出来，另一方面众多的建筑艺术流派也纷至沓来。

329 德国，法古斯工厂，1911 年

330 西班牙，巴塞罗那博览会德国馆，1929 年

331 魏玛市，包豪斯学校，1929 年

1. 现代主义运动

现代主义运动兴起于 20 世纪初，活跃于 20 世纪的五六十年代，现代主义运动又可以第二次世界大战为界限划分为前后两个阶段。现代主义风格提倡面向大众、改变传统、取消装饰。其在建筑上的主要特征具体体现在：1. 强调将功能主义作为设计的目的和出发点，把是否满足环境的需求、是否具有科学性放在首位；2. 注重科学性和艺术性的统一，倡导非装饰的简单几何造型；3. 强调将模型作为中心的设计规划，重视对空间的考虑；4. 将经济问题考虑到设计当中，注重设计对象的费用。在这些特点的影响下，现代主义建筑设计在建筑材料上选择价格便宜、铸形方便的铁材和钢材，并且大面积地使用玻璃。法古斯工厂（图 329）就是现代建筑与工业设计发展中的一个里程碑，它的设计运用了功能美学原理，大面积使用了玻璃构造幕墙，将楼梯间暴露在巨大的玻璃窗下。现代主义设计在形式上以较为简单的立体主义的几何外形为主，主要由柱子支撑，并广泛应用到幕墙结构当中。如巴塞罗那博览会德国馆（图 330），此展览馆结构简单，由八根钢柱支撑着一个平板屋顶。空间简洁朴素，没有封闭的墙体，设计成任意开敞的形式。

329

330

331

直至第二次世界大战前夕，现代主义建筑已经成为世界建筑的主导。在这期间涌现了一批著名的建筑大师如格罗皮乌斯、赖特、密斯 · 凡德罗、勒 · 柯布西埃等，他们创作出了包豪斯学校、萨伏伊别墅、流水别墅、巴塞罗那世界博览会德国馆等里程碑式的现代主义建筑杰作。其中，包豪斯学校（图 331）

332 柏林，柏林国家美术馆，1968 年

333 法国，朗香教堂，1955 年

334 巴黎，蓬皮杜艺术中心，1977 年

作为欧洲现代主义设计运动的集大成者，对现代主义的发展起着举足轻重的作用。包豪斯是世界上第一所完全为了设计的发展而成立的学院，前身是“魏玛造型艺术学校”与“工艺美术学校”，1919 年 3 月 20 日合并后成立“包豪斯”。格罗皮乌斯出任校长，是包豪斯的核心人物，他与包豪斯其他成员共同创造了一套以功能、技术和经济为主的建筑观、创作方法和教学理念。包豪斯为了适应现代社会对设计师的要求，建立了“艺术与技术新联合”的现代设计教育体系，开创类似三大构成的基础课、工艺技术课、专业设计课、理论课及与建筑有关的工程课等现代设计教育课程，培养出大批既有美术技能又有科技应用知识技能的现代设计师。包豪斯在 20 世纪 30 年代中期进入美国，渐渐地融入了美国原有的设计教育体系并成为推动美国现代设计教育的重要力量。在二战结束后，包豪斯发展成一种新的设计风格——国际主义风格，影响到全世界。

2. 国际主义运动

第二次世界大战结束后，源自于欧洲的现代主义建筑运动的中心移到了美国，现代主义开始逐渐进入一个新的阶段——“国际主义运动”。在设计风格上，国际主义风格延续了现代主义反装饰传统、追求形式简洁的理念。国际主义风格推崇几何形的建筑外形、平屋顶、玻璃幕墙、宽大的窗户，同时也注重对钢铁、玻璃和混凝土的使用。如密斯晚年的设计作品柏林国家美术馆（图 332），其建筑呈一个矩形，建筑的外缘由八根柱子支撑着厚重的屋面，向内缩进的空间由玻璃围绕起来，布置在升高一层的平台上。屋内为畅通无阻的开阔的空间，可根据展览内容的需要随时布置，四面通透的玻璃将空间内外相融贯通。勒 · 柯布西耶晚年最著名的作品朗香教堂（图 333）也体现了对于现代化材料的使用，建筑是由一个不规则的曲线形混凝土墙体构成的，像飞机翼部的屋顶，是一个线性的钢筋混凝土结构。除此之外，纽约西格拉姆大厦、古根海姆美术馆、范斯沃斯住宅等都是这一时期最有名的建筑作品。

3. 高技派风格

高技派是流行于 20 世纪七八十年代的建筑流派之一，该流派始终强调把表现技术置于设计的首位。高技派建筑极力表现新材料与新结构的特性，建筑外部的造型通过交叉、重复、夸张等形式将金属几何结构架暴露于建筑墙体之外。除此之外，高技派还惯用高纯度、高明度色彩来制造强烈的视觉冲击，黑白灰是常用色。其中最具代表性的是由理查德 · 罗杰斯与诺伦佐 · 皮亚诺合作设计的巴黎蓬皮杜艺术中心（图 334），其外墙与室内地面大部分采用浅灰色，建筑将过去习惯性隐藏于结构之中的设备管道暴露和展示在外面，通体采用金属架构，以钢柱为骨架，在正面的外墙围上玻璃，它标志着第一代“高科技风格”的确立。

4. 民国时期建筑发展

民国时期在中国建筑艺术发展的历程上无疑是一个重要的节点。在 19 世纪末 20 世纪初，伴随着资本主义列强侵略的深入，资本主义生产方式和思想观念也随之传入，加速了中国封建生产关系的解体，推动了中国现代化的进程。此时中国建筑艺术的发展融入了西方特色，如上海地区的石库门里弄（图 335），兼容了江南传统民居合院式格局和欧洲联排式住宅布局，是一种典型的中西合璧的民居建筑样式。民国时期的建筑艺术在材料上打破了传统以木结构为主的古典建筑体系，钢筋混凝土结构、钢框架结构、石材立面和砖结构被大面积地运用。坐落于中山大学的马丁堂（图 336）是国内最早的钢筋混凝土和砖砌混合的建筑。在建筑形式上，民国建筑具有现代建筑简洁明快的时代特征，建筑轮廓多重线条与形式感，古典建筑装饰明显减少，只略加保留几何图案装饰效果。多种多样的建筑形制的相互融合，使得传统中国建筑形式开始步入现代设计的探索征程。

三、室内设计发展

1. 现代主义风格室内

工业化时期的室内设计受到近代工业化大生产的影响，在这场运动中，建筑和设计领域出现了一批改革先驱，其中最重要的有来自德国的沃尔特 · 格罗皮乌斯和密斯 · 凡德罗，来自瑞士的勒 · 科布西耶和来自美国的弗兰克 · 劳埃德 · 赖特。设计在机器化生产的影响下，摒弃室内设计中多余的图样装饰，强调功能主义和实用价值，如勒 · 柯布西耶设计的新精神馆（图 337），在此展览空间中，柯布西耶创造了一种示范性公寓的室内，室内所有的结构部件都运用了模数化箱形，这种模数化箱形在视觉上极为简洁，在功能上又十分实用，既能作为空间的隔断又可以用来储物。

335 上海，石库门里弄，始建于 1870 年
336 广东广州，马丁堂，1906 年
337 法国，新精神馆，1925 年

335

336

337

338 芬兰，帕尔米奥结核病疗养院，1933 年

339 芬兰，维堡图书馆，1935 年

340 伊利诺伊，范斯沃斯住宅，1938 年

在现代主义运动初期，伴随着混凝土建筑的发展，混凝土建造方式使得室内装饰发展成为不依附于建筑主体的相对独立的部分。为了更好地实现简洁合理的功能化设计这一要求，设计师们大量地使用了新型材料和建筑新技术，运用简单精练的语言来凸显室内空间的开敞和通透，如由阿尔瓦 · 阿尔托设计的帕尔米奥结核病疗养院（图 338），多采用曲线和曲面造型，让人感觉到空间的流动，并且不断在延伸和变化。现代主义设计运动的服务对象是普罗大众，在视觉效果上强调非对称性，在空间上运用几何化的空间语言，在设计中赋予了一种“人性化”的特征。其中，维堡图书馆（图 339）就是从人性化的角度来考虑设计的，演讲大厅内设置了波浪起伏的木质天花，并且在公共区域上方开了圆形天窗，既可以方便采光或者使用人工照明，同时又与空间相呼应，同室内设计风格相协调。在材料方面选择了胶合板，总体由两个矩形体块组成，并且运用大量自然木色，使空间组合简单又人性化。除此之外，现代主义设计还喜欢采用动态的空间组织形式来组织内部空间。

2. 国际主义风格室内

在第二次世界大战之后，“国际主义风格”成为了设计的主流，总体来说与现代主义风格所追求的简明扼要的设计方式相一致，室内空间自由通畅，无过多的装饰。国际主义风格和现代主义设计都具有追求简洁精练和反装饰性的特点，并且受到密斯 · 凡德罗“少则多”设计主张的深刻影响。但战后的国际主义风格逐渐从重视追求功能变成了为形式而形式的形式主义追求，为了达到形式的目的，忽视功能第一的原则，在精神上与现代主义设计相背离。由密斯设计的范斯沃斯住宅（图 340），运用八根钢柱支撑屋面，不再是传统意义上的封闭式房间，四面外墙用玻璃围合，仅在左侧墙体布置成一个“岛”型来分割空间。这种简洁的钢铁框架结构与玻璃的搭配，使得住宅与自然融合，但空间过于开放，私密性无法得到保障。同时住宅对玻璃的温控性难以把握，内部也没有常见的家具，机能过于简化，无法提供住宅繁杂的功能，使居住者感到十分不便。密斯擅用钢结构和大片玻璃墙，在他为美国伊利诺伊理工学院设计的克朗楼（图 341）中，建筑的整体为简洁矩形，四面全是玻璃幕墙。在室内运用可以活动的储物柜来隔断空间，使空间变得灵活。他运用钢梁支撑屋面，并把所有结构元素均漆为黑色，使得整体构造显得简洁协调。古根海姆博物馆（图 342）是作为四大现代主义建筑师之一的赖特在战后的重要作品，其室内主体色彩为白色，是一个包含螺旋形斜坡道的巨大桶状空间，放在坡道外墙上展览的艺术品沿着弧形坡道而上，光线顺着上方天窗穹顶渗入，照亮整个空间。

战后的国际主义风格征服了世界，成为战后世界设计的主导风格，不仅在美国兴盛起来，还影响到了欧洲各国。当时法国受到美国设计思潮的影响，在战后现代主义中也吸收了一些新的精神。勒 · 柯布西耶在这一时期设计了一系列著名的作品，他重视运用新的现代材料和推崇立体主义形式特征。在 20 世纪 50 年代初，马赛市政府委托柯布西耶设计一组能容纳一个完整的社区的公寓，马赛公寓（图 343）是柯布西耶有关城市“居住单元”的最初理念，此建筑就是一种典型的套房形式，每户住宅都为双层并自带阳台。公寓设计为了用来容纳一个完整的社区，因此它既包含了商业空间，同时也设置了公共服务设施。马赛公寓的外观像一块巨大的矩形，底层的支柱将巨大的体块支撑起来，底层形成了开敞的空间。建筑外部由粗糙的砖墙与涂有明快色彩的阳台侧墙构成，室内的砖石与混凝土也涂有丰富的色彩，与外部相呼应。马赛公寓的设计还体现了柯布西耶的理想主义社会的观念。到了 20 世纪 60 年代，柯布西耶的设计

341 芝加哥，伊利诺伊理工学院克朗楼，1950 年

342 纽约，古根海姆博物馆，1942—1959 年

343 法国，马赛公寓，1952 年

341

342

343

344 法国，朗香教堂，1955 年

345 巴黎，邦马尔凯百货商店，1923 年

346 巴黎，老佛爷百货，1921 年

又充满了有机形态特征，他所设计的宗教建筑朗香教堂（图 344），在白色的墙面上开着大小不一的长方形孔洞，孔洞由内到外越来越小形成一个小小的窗户，在窗户上面镶嵌不同颜色的玻璃。光线透过五彩缤纷的玻璃窗，使得室内蒙上一层光与影打造的梦幻效果。朴拙不规则的建筑外部，显现出勒 · 柯布西耶从早年设计所具有的立体派长方形体量转向晚年具有雕塑感的风格。二战后虽然国际主义风格成为主导性的设计风格，但由于其从意识形态上与现代主义设计相背离，漠视对功能的需求，使得社会中的青年一代对于国际主义设计产生不满，国际主义设计风格在 60 年代末 70 年代初逐渐衰退。

3. 装饰艺术风格室内

平行于现代主义运动阶段的装饰艺术运动是一场反对古典主义，反对自然，强调机械美的运动。装饰艺术在世界范围内的流行源于法国，以室内设计为主。装饰艺术风格在造型上强调工业化简单的几何特征，常常以几何样式作为基础，多采用明快的线条和几何图形，如巴黎的邦马尔凯百货商店（图 345）以装饰艺术作为商业展示风格，被认为是巴黎首个经过特别设计的商店建筑。它采用经典格子纹样贯穿于整个商场，运用重复、对称等形式，创造出华丽的纹饰图案，经典而优雅的顶部花形细装饰与富有百年历史文化的商店相匹配。装饰艺术运动在色彩的运用上主张运用鲜艳的纯色、对比色以及金属色，既体现现代风格又给人一种华美的效果，如法国著名百货商店“老佛爷百货”（图 346），建筑内部在拜占庭式的巨型镂金雕花圆顶下，装修得豪华如宫殿。装饰艺术运动和现代主义运动有着复杂而密切的联系，虽然在一定程度上装饰艺术运动被认为是传统的设计运动，但现代主义设计的思潮对于装饰艺术运动也产生了深刻的影响，主要是在形式特征以及对于材料的运用上，设计师们认识到工业化的潮流已经不可避免，于是不再刻意回避新材料新技术。如坐落于巴黎的玻璃之家（图347），该项设计采用钢框架和大面积玻璃块，采用了现代材料和钢管家具，呈现出一种时尚效果，体现出装饰艺术正在向现代主义理念转化。美国因为一战后财力充足、国家繁荣，为新的艺术设计风格的生存发展提供了机会，装饰艺术风格受到资产阶级权贵的喜爱。在这一时期的美国设计师们开始探索新的材料，并且企图运用装饰的手法去使用新材料，纽约的克莱斯勒大厦（图 348）的内部就是采用明显的装饰艺术手法设计的，其电梯门上面饰有黄铜和莲花主题的带有褐色木料的装饰性镶嵌物，包括灯光装置、指示牌和地面都装饰着花卉图形和几何图形。在 20 年代中期以后，美国的西海岸地区出现了一种与巴黎和纽约的装饰风格不同的流线型风格，流线型作为一种风格是独特的，它在设计形式上强调使用大量工业材料作表面装饰，成为当时一种具有时代感的流行时尚。

英国在 20 世纪 30 年代还基本维持着 17 世纪传统的风格，装饰艺术没有像在美国那样广泛流行。虽然在 20 年代末 30 年代初受到工业化风格和装饰艺术风格的影响，英国设计开始变革，但此时期的装饰艺术依旧朴素而内敛，直到 20 世纪 30 年代末，英国的装饰设计才开始表现出极强的感染力。英国的装饰艺术运动在室内设计上倾向于采用强烈的金属色彩作为装饰，同时喜欢将镜面、银箔、油漆及金属等反射性材料运用在室内设计上，萨沃伊剧院（图349）就是典型的代表。

347 巴黎，玻璃之家，1932 年

348 纽约，克莱斯勒大厦，1930 年

349 伦敦，萨沃伊剧院，1929 年

350 伦敦，劳埃德大厦，1977 年

351 香港，香港汇丰银行总部大楼，1979-1986 年

装饰艺术运动的风格是综合性的，因为受到现代主义设计的影响，它既具有传统的形式美，又追求工业化的技术美，但在服务对象上强调服务权贵，这与现代主义的意识形态是相背离的。装饰艺术运动在二战后并没有得到发展，于 20 世纪 30 年代后期在欧洲大陆结束。

4. 高技派风格室内

随着高新技术的不断涌现，出现了将高新技术运用于室内设计的高技派。高技派的室内设计没有过多的装饰，强调室内材料与技术美，喜欢将梁板、网架等结构构件以及风管、线缆等各种设备和管道暴露于室内，突出新材料、新结构和新的施工方法，展现富有时代特征的机械美、结构美，显示强烈的机器化的倾向，强调工艺技术与时代感。由理查德 · 罗杰斯设计的劳埃德大厦（图 350）就是一个典型的高技派代表作品，大厦主体为长方矩形，内部带拱顶的巨大中庭被四周的玻璃幕墙覆盖，使得建筑的外露结构在室内也一览无余，为了便于发挥空间灵活使用的功能，大厦内部空间没有固定隔断。高技派在室内设计上将高新材料与多种材料混合使用，例如经过抛光处理的不锈钢、磨光混凝土、玻璃等新型材料越来越多地出现在室内设计中，其中香港汇丰银行总部大楼（图 351）就是典型的代表。高技派为了削弱室内空间的压抑感而重视光技术的运用，常常通过结构或材料本身来营造光影效果，如柏林国会大厦的设计，就是在建筑上方设置以玻璃、金属为主材料的穹顶，利用光线反射照亮室内，同时，内部设置锥状反光体，能够将光线反射到建筑内部，从而能够在一定程度上减少人工照明。随着人们精神需求的不断演变，高技派的设计师们在探索新的设计的同时，更加注重多元化，也开始持续关注生态技术的运用。

5. 民国时期的室内

民国时期在中国室内设计史上起到一个承前启后的作用。伴随着西方文化的传入，东西方文化相互交融，对当时中国室内设计的发展产生了重要的影响。民国时期的室内设计在空间布局上，从讲究对称、平面方正的中式传统风格转向追求平面自由的新式设计风格。在室内装饰方面，将中国传统装饰形式与西洋装饰形式相互交融，室内造型上从繁复向简洁变化。如上海的理查饭店（图352），这是一幢英国古典主义风格的维多利亚巴洛克式建筑，总共有六层，采用部分钢筋混凝土结构和部分砖木结构搭建而成。1922 年经过改造后，室内呈现古典式的折中主义。其中最有名的是孔雀厅，其天花顶部造型采用了意大利罗马风格的拱形穹顶，加以巨大水晶吊灯点缀，法国风格的彩色玻璃增加了室内的通透度，四周矗立爱奥尼克的罗马立柱，显得典雅大气，整体风格极为豪华和富丽堂皇。

民国时期室内设计方面还用平顶风格逐渐替代了以往传统建筑中的坡顶，繁琐雕刻与装饰逐渐消失，天花顶部仅在四周用欧式线条简单点缀，开始迈向现代设计造型简洁大方的风格。室内设计在保持中式端庄典雅的风格特色的基础上，借助西方的新装饰材料与技术，又融入了西方时尚新潮的风格。如由杨廷宝设计的大华大戏院（图 353），室内天花板装饰控制了门厅的光源，以栅格式铺列而成，使得整个门厅宽敞明亮起来。在入口大厅，四周由 12 根高大的红色圆柱呈回字形支撑门厅，整体呈现对称式布局。柱头以绿底金粉勾画出图案繁复的纹饰，在色彩的运用上体现出了浓郁的传统民族特色，但在结构上又明显地受到西方古典建筑风格的影响。

352 上海，理查饭店，1910 年

353 南京，大华大戏院，1935 年

小贴士

风格派运动：1917 年在荷兰出现的几何抽象主义画派，主张纯抽象和纯朴，外形上缩减为几何形状，而且颜色只使用黑与白的原色，也被称为新塑造主义。创始人为 T.van 杜斯堡，主要领袖为 P. 蒙德里安。风格派的美学思想传遍欧洲各地，并对包豪斯产生难以估量的影响。风格派的艺术实践是多方面的，除蒙德里安在绘画领域取得的无与伦比的成就外，里特维尔德在建筑方面也获得了令人瞩目的进展。

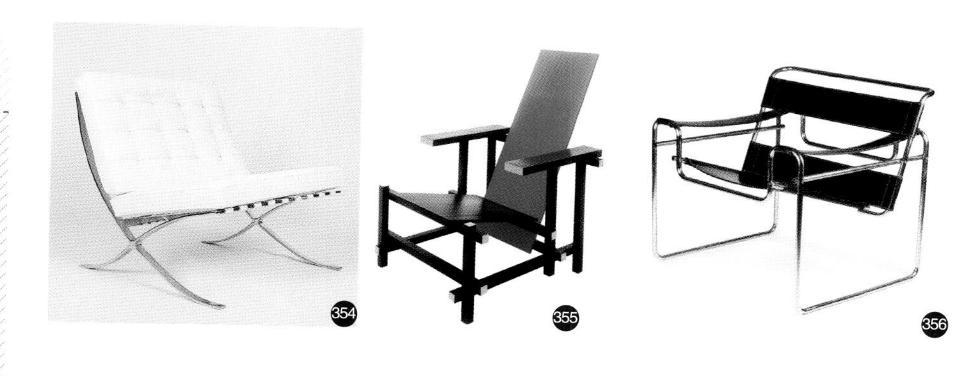

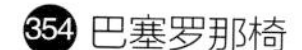

354 巴塞罗那椅
355 红蓝椅
356 瓦西里椅

四、室内陈设艺术发展

1. 现代主义风格家具陈设

工业化时期室内陈设领域出现了新的设计风格及潮流，这个时期的家具陈设是基于工业、科技水平提高和大众化消费的设计理念而产生的。20 世纪初主流的设计趋势是现代主义风格，现代主义运动带来的现代主义思潮使人们传统的设计观念得到改变，现代主义家具从传统的家具设计中脱离出来。

20 世纪初期的室内陈设受到现代主义思潮的冲击，设计风格和标志性部件的运用不断地开发出新的外形。在室内陈设上，设计师舍弃以往重装饰的观念，转向关注家具本身应具有的功能，采用现代技术、现代材料、现代工艺来实现功能，并借此设计出了简洁、高效、舒适的现代化家具。如德国设计师密斯用皮革、铬合金设计而成的巴塞罗那椅（图 354），这种椅子结构简单，形式简洁而富现代感，运用新技术新材料来实现“形式适合功能”的理念，被称为现代家具设计的里程碑。

在荷兰产生的风格派运动是现代主义设计中的重要流派之一，其中格瑞特·里特维尔德设计的红蓝椅（图 355），是最早表现风格派观念的作品之一。这款椅子运用原色和基本的几何形状，塑造出了一个较为生动有趣的视觉形态。红蓝椅的靠背和座面分别漆成红蓝两色，使用两块胶合板组合而成，并且由漆成黑色两端带黄色收头的细木条支撑。

包豪斯作为现代设计中一个风格独特的流派，推动了现代设计的发展。包豪斯在现代家具美学上表现出了对功能的重视，其中，布劳耶作为功能主义者和现代设计的先驱，在 1925 年设计出了世界上第一把钢管椅子—— 瓦西里椅（图 356）。为充分运用材料的特性，瓦西里椅用于支撑座面、扶手以及靠背的框架由镀铬钢管弯曲构成，椅座、扶手以及靠背用皮革拉制，瓦西里椅因此成为现代主义家具的象征。

2. 装饰艺术风格家具陈设

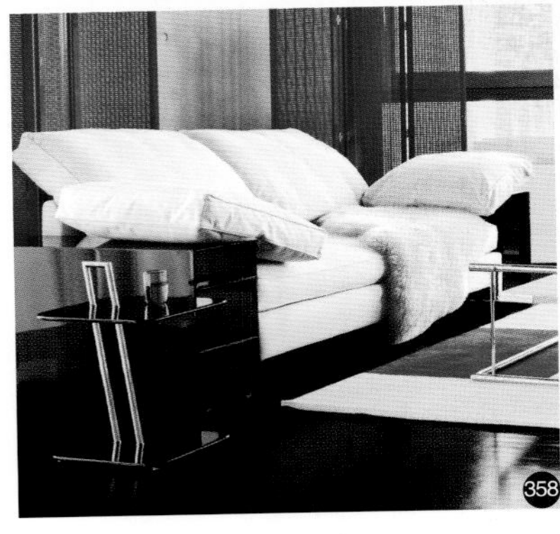

357 法式家具陈设

358 现代风格法式家具

法国的“装饰艺术”风格集中体现在家具设计上。法国的“装饰艺术”风格主要服务于上流社会，为了凸显豪华的气质，在设计风格上充满异域的情调，注重民族艺术特色的发挥，不拘泥于传统。在选材方面喜欢名贵材料，注重新材料、新技术的运用，工艺优良。当时比较突出的家具设计家埃米尔·雅克·鲁尔曼是家具设计领域公认的领军人物，其室内设计（图357）受古典主义的影响，强调对称且注重比例。家具设计中广泛运用了象牙镶边的马卡萨乌木和斑马木等名贵材料，局部细节做工优良，注重材料和技术的结合运用。另一位比较有影响的设计师艾琳·格雷，生于爱尔兰，而立之年时定居法国。她的设计作品涉猎漆艺、家具、室内装饰和建筑设计，打破设计类型的界限，既注重豪华的装饰效果又注重运用现代主义的表现手法，设计的家具（图358）新颖又精巧，不仅有实用功能更有观赏价值，具有立体主义的特征。

工业化时期，受到现代主义运动的影响，从建筑室内到室内陈设都处于现代风格的探索与实践过程中。室内设计在减少空间及界面的装饰效果之下，更加重视对室内陈设方面的装饰设计。受到新技术、新材料的影响，家具样式更加简洁现代，室内陈设也更强调家具风格对室内空间特色塑造的影响，使得室内陈设的整体与细节追求更趋向对各种风格形式的设计探索。

课堂思考

1. 现代主义设计思想对日后建筑及室内设计理念的影响体现在哪些方面?
2. 高技派建筑室内设计的主要特色体现在哪些方面?
3. 由芬兰建筑大师阿尔瓦·阿尔托的作品可以看出北欧设计风格的哪些特征?

Chapter 9

后工业社会时期

学习目标

了解后工业社会时期出现的后现代主义风格，辨析后现代主义和现代主义的实质和区别；了解建国以来建筑设计风格的探索以及对室内设计的影响。

学习重点

1. 了解后现代主义与现代主义风格的关系及其实质。
2. 了解现代主义风格对中国现代建筑探索的影响。
3. 总结中国民族特色设计风格的探索历程。

后工业社会是 20 世纪 60 年代以来西方工业社会之后的重要发展时期。在建筑历史发展方面出现了后现代主义、解构主义、新现代主义等风格流派。电子信息技术的广泛运用加快了建筑及室内设计思想的变革，各种形式的探索形成了室内设计多元化格局。中国从 1949 年建国初期至 20 世纪末，经历了国民经济恢复阶段、“文革”时期以及改革开放时期，室内设计的发展也发生了巨大变化，呈现出了蓬勃发展的态势。

一、概述

1. 西方建筑思潮的变化

随着经济与科技的发展，西方建筑设计出现了后现代主义、高技派和解构主义等流派。室内设计师开始转向关注多文化的融合和科技在室内环境中的运用，积极探索具有创造个性的表达方式，设计作品除了注重满足功能需求和审美需求之外，更注重满足人们在文化内涵、艺术品质等精神层面的追求。

20 世纪 60 年代以来，在美国和西欧出现了反对或修正现代主义建筑的思潮，1966 年，美国建筑师罗伯特 · 文丘里在《建筑的复杂性和矛盾性》一书中提出了一套与现代主义建筑针锋相对的理论和主张。到 20 世纪 70 年代，建筑界中反对和背离现代主义的倾向更加强烈，“后现代主义”出现在历史舞台上。

20 世纪 70 年代以后，对历史与地域特征的价值回归促进了当代人类对历史建筑环境的极大关注，西方国家历史建筑遗产保护逐渐成为城市社会生活中的重要部分。欧洲建筑师保护历史建筑的诉求与部分投资方产生的共识，使城市建筑与室内设计出现了怀旧风格倾向。

到了 20 世纪 80 年代，面临世界消费市场的多元化、流行趋势的影响，德国的现代设计及时体现出了对市场的适应。荷兰结构主义学派也开始了建筑形式创造的新思维探索。后工业社会时期的美国主张设计多元风格，反对单一和垄断，在设计方面体现出实用、折中、商业、非精英主义等特征。

2. 中国设计风格的探索

中华人民共和国成立后迎来了建筑的新发展。在后工业时期，中国的建筑与室内设计的发展充满着域内与域外文化、东方与西方文明的冲撞与磨合。建国初期，社会意识形态成为主导建筑活动的重要依据，直到改革开放以后，各种思想束缚被削弱，国内与国外多元化的建筑风格、设计思潮展开频繁交流，使得民族风格、地域风格、现代主义风格等得以协同发展，呈现出欣欣向荣的发展态势。

359 美国，塔斯坎和劳伦仙住宅，史密斯设计，1979—1980 年

360 美国，纽约电报电话大楼，菲利普 · 约翰逊设计，1984 年

二、建筑发展概况

1. 后现代主义

20 世纪 20 年代以来，现代主义成为西方建筑思想的主流，建筑美学思想主要建立在理性、结构、功能的基础之上。第二次世界大战后，由于现代主义对纯粹理性的注重和尊崇，忽视人的情感和环境的作用，在设计中过度强调功能性和经济性，形成了单调、统一和刻板的建筑形式倾向。20 世纪 50 年代起，现代主义建筑形式开始出现了反思和分裂，随后逐渐衍生出了反叛现代主义建筑的新设计形式的探索，至 20 世纪 70 年代后期，最终形成新时期的后现代主义建筑风格。

后现代主义建筑的特点是以装饰主义取代“无装饰”；采用豪华的装饰材料取代朴素的现代材料；对建筑的建造采用戏谑手法，并加入流行文化成分，以式样改变来取代现代建筑一成不变的格局。20 世纪 80 年代，后现代主义设计风格达到高潮，并强调运用隐喻手法的折中形式。主要理论倡导者有美国建筑师罗伯特 · 文丘里、罗伯特 · 斯坦因和查尔斯 · 詹克斯等。其中，文丘里在 1966 年的主张认为：建筑设计中形式与功能可以脱节，针对“少就是多”的说法，认为“少是枯燥”；主张建筑要有装饰性和象征性，建筑创作不必追求纯净、明确；提出含混、折中、歪扭的形象也是美的观点。

后现代主义建筑典型的代表作有美国建筑师史密斯设计的塔斯坎和劳伦仙住宅（图 359），主要包括两栋小住宅，一栋采用西班牙式，另一栋部分采用古典形式，即在外立面不对称地贴附三根橘黄色的古典柱式。菲利普·约翰逊设计的纽约电报电话大楼（图 360），建筑高度达到 180 米，兼具古罗马、文艺复兴和哥特式风格；建筑底部、中部和顶部体现了古典的三段式建筑结构；建筑饰面采用磨光花岗岩包裹在金属框架表面，传统式样的窗户排列规整，窗子之间修长的壁柱将建筑延伸至顶部，顶部是一个凉廊和一个三角形山花，中央上部开了一个圆凹口，在“掏空”建筑最高点的同时，强调了其象征意义。

2. 解构主义

20 世纪 70 年代，建筑界中反对和背离现代主义的倾向更加强烈，解构主义建筑开始出现。其形式实质上是对解构主义的破坏和分解，突出破碎结构感，采用形象概念的手法将建筑结构表现出来。弗兰克·盖里被认为是第一个解构主义的建筑设计师，他设计的维特拉博物馆（图 361），从形式上采用了立体主义和美国抽象表现主义的结构方式。

现代地方风格是在现代建筑的结构和功能的基础上，在建筑的立面、空间布置和装饰细节上汲取本地、民族和民俗风格特点，使现代建筑能够体现出地方特色风格。丹下健三设计的香川县厅舍（图 362）和柯里亚设计的印度国家手工艺博物馆，两座建筑都采用比较纯粹的民俗建筑特征，强化形式的特点，突出地方特色。

3. 新现代主义

从美国当代的建筑发展来看，自从文丘里向现代主义提出挑战以来，建筑设计一方面保持了对后现代主义的探索，另外一方面则表现出对现代主义的重新研究和发展。一些建筑师依然坚持现代主义的理念，严格依照现代主义的基本语汇进行设计，根据新的需要，给现代主义加入了新的简单形式的象征意义，称其为“新现代主义”，从总体来说，它是对现代主义的发展和延续。

小贴士

解构主义：作为一种设计风格的探索，解构主义兴起于 20 世纪 80 年代，但它的哲学渊源则可以追溯到 1967 年。当时的一位哲学家德里达基于对语言学中的结构主义的批判，提出了“解构主义”的理论。其核心理论是对于结构本身的反感，认为符号本身已能够反映真实，对于单独个体的研究比对于整体结构的研究更为重要。

361 德国魏尔，维特拉博物馆，弗兰克·盖里，1989 年

362 日本，香川县厅舍，丹下健三，1985 年

361

362

363 上海，上海同济大学文远楼，1953—1954 年

364 北京，北京友谊宾馆，张镈设计，1954 年

365 北京，北京火车站，杨廷宝、陈登鳌设计，1959 年

366 北京，中国伊斯兰教经学院，赵冬日设计，1957 年

367 北京，香山饭店，贝聿铭设计，1982 年

新现代主义因为具有现代主义的功能和理性主义特点，同时又具有其独特的个人表现、象征性风格，因而得到很大的发展。20 世纪 80、90 年代以来，新现代主义出现了一批新生力量，这批新人与 70 年代的“纽约五人”中的几个以及贝聿铭这批老建筑师组成了非常强大的设计力量，在美国发展得有声有色。

4. 现代主义在中国的探索

新中国成立初期，建筑设计者们为寻求一种全新的、理想的和社会主义的设计指导原则，利用现代建筑思想和手法，建造了一批典型的现代建筑，包括住宅、教育、医疗、商贸会展、旅馆和会堂建筑等。

上海同济大学文远楼（图 363）的设计预示着中国建筑师已经熟练掌握现代建筑手法，建筑师对建筑进行中国化的细部装饰，开始探索中国式的现代主义建筑形式。

1953 年，随着中国国民经济第一个五年计划的展开，在全盘学习苏联的热潮中，建筑界接受了当时苏联的建筑创作理论，把建筑创作等同于一般文艺创作，把西方现代建筑形式视为“没落的世界主义”文化，把强调民族风格当作社会现实主义的创作原则，把“民族的形式，社会主义的内容”提升到建筑创作的高度来贯彻，从而掀起了创造民族建筑形式的热潮，形成了传统形式、地区民族形式、苏联形式、现代形式等四种类型建筑形式。

传统形式：善于运用中国传统元素，以功能为前提，在建筑的檐口、门窗等部位加上中国传统图案进行装饰。主要代表作品有 1954 年张镈设计的北京友谊宾馆（图 364）和杨廷宝、陈登鳌共同设计的北京火车站（图 365）。

小贴士

苏联形式，源于苏联在建筑上的复古和装饰运动，主要是以古典造型、豪华装饰、纪念性和庄严性为主题的设计。

地区民族形式：主要表现出中国鲜明的风土民俗文化特色，注重突出当地的地域文化、人文景观以及历史所遗留的文化痕迹。主要作品有1957年赵冬日设计的中国伊斯兰教经学院（图366），以及贝聿铭设计的香山饭店（图367）等。

苏联形式：在建筑上，借鉴和融合了俄罗斯风格特点，体现在对重金属和鎏金塔的运用。主要作品有安德烈也夫和戴念慈设计的北京苏联展览馆（图368）、安德烈也夫和陈植设计的上海中苏友好大厦（图 369）。

现代形式：善于采用现代建筑的框架和钢筋混凝土结构，主要作品有北京电报大楼（图 370）和北京天文馆（图 371）。

1959 年，为了迎接中华人民共和国成立十周年，政府在首都北京大力建设包括人民大会堂在内的国庆工程，建造了中国革命博物馆和中国历史博物馆、民族文化宫、中国美术馆、北京火车站、北京工人体育场（图 372）和全国农业展览馆（图 373）等建筑，并称其为“北京十大建筑”。国庆工程设计激起了建筑界对中国现代建筑设计风格的新探索。“北京十大建筑”标志着国庆工程和中国社会主义建筑新风格的出现。

从 20 世纪 60 年代中期到 70 年代“文革”期间，建筑师在极其困难的条件下进行了少量建筑活动。广州的建筑师为出口商品贸易活动所设计的一批宾馆、展览馆、剧院等建筑，在建筑风格的探索上迈出创新的步伐，其中以白天鹅宾馆、泮溪酒家、北园酒家和白云山庄等为代表。

20 世纪 80 年代的改革开放解除了设计思维的禁锢，促进了建筑设计领域的对外开放，带来了国外建筑文化的交流与实践，由此，中国的建筑设计水平迅速提高。国外的建筑师纷纷抢滩登陆，在中国大显身手，促使中国建筑的发展逐步呈现出多元化格局，此时优秀的代表作品有上海东方明珠电视塔、北京

368 北京，北京苏联展览馆，安德烈也夫、戴念慈设计，1954 年

369 上海，上海中苏友好大厦，安德烈也夫、陈植设计，1954—1955 年

370 北京，北京电报大楼，林乐义设计，1958 年

371 北京，北京天文馆，张开济设计，1957 年

372 北京，北京工人体育场，欧阳骖设计，1959 年

373 北京，全国农业展览馆，1959 年

374 美国宾夕法尼亚，母亲住宅客厅，罗伯特·文丘里设计，1962—1963 年

375 德国斯图加特，国立美术馆，詹姆斯·斯特林设计，1977—1984 年

奥林匹克中心、南京侵华日军大屠杀遇难同胞纪念馆等。

20 世纪 90 年代，美国 SOM 事务所设计的上海金茂大厦，属于现代超高层建筑与中国历史文脉相结合的代表作，建筑沿袭东方塔形式，阶梯的造型以逐渐加快的节奏向上延展，结合钢结构要求和构造的可能性，完成了变化的转角，最终收成尖顶，彰显理性的典雅气质。

随着 21 世纪的到来，中国整体上进入向中等发达国家迈进的又一历史时期，中国建筑及室内设计师需要深层次地汲取国外优秀的设计文化，不断弘扬民族优秀传统，融合多元的空间形态语言，探索更为国际化的建筑设计实践。

三、室内设计发展

1. 波普艺术

20 世纪 60 年代，英国首先出现了波普艺术运动，并延伸到美国。波普设计为了迎合人们通俗化、商业化和个性化的审美意识，在室内设计中常引入具象语汇和商业元素，并运用象形语言和“原色调”的处理手法，体现出追求个性、大胆时尚、标新立异等特点。其代表作品有弗兰克·盖里设计的“鱼舞餐厅”，以及 BEST 展销厅等。波普艺术运动是一场具有强烈反叛味道的设计运动。

2. 后现代主义

后现代主义室内设计尤其善于运用装饰，高度强调装饰性，特别是从历史中汲取装饰并加以运用，具有历史折中主义的特性和娱乐性与处理装饰细节上的含糊性，在室内设计上对历史风格采用了抽出、混合和拼接的方法，并具有戏谑、调侃的色彩。

文丘里为母亲设计的“母亲住宅”（图374），其平面结构体系采用简单的对称，功能布局在中轴线两侧则是不对称的；楼梯与壁炉、烟囱互相争夺视觉中心，解决矛盾的方法是互相让步，烟囱微微偏向一侧，门洞开口很大，凹廊进深很小；开敞的半圆落地窗与高大的女儿墙形成视觉对比；在客厅，不寻常的设计视觉效果可以在简化的楼梯和壁炉烟囱部分看到；常规家具与室内这些不寻常的装饰形式形成对比。

詹姆斯 · 斯特林设计的斯图加特国立美术馆（图 375），是老博物馆的现代扩建部分。设计师把中央庭院设计为一个开放式的露天展厅，从而形成整个画廊的核心；雕像、面贴大理石的石拱廊以及左边入口处粗短的塔斯干柱，暗示着建筑风格走向后现代主义运动，而旋转坡道则是通往上层的主要交通路径。

3. 解构主义

解构主义室内表现形式是对结构主义的分解或者“破坏”。弗兰克 · 盖里在古根海姆博物馆（图 376）的设计中，通过纯净的室内色彩、螺旋形上升的内部动线让参观者忘记建筑的存在，曲面的空间延续了思考的过程。在感知的心理过程中，空间环境成为背景，艺术作品成为背景上的图形。其内部空间语言意图让观众感受到单纯由作品构造出的抽象场所，唯有建筑顶端的整个鸟瞰使观众恍然明白，在抽象艺术之旅的最后，室内空间设计也是作品之一。各陈列室内壁为光滑磨平的灰泥，所展出的永久性收藏品、临时收藏品和选出的当代艺术家的收藏品，分别对应三种风格各异的展出空间。永久性收藏品布置在两组相邻排列的正方形展厅内，分别位于博物馆的二层和三层；临时性展品布置在一个巨大的长方形陈列室内，该展廊在梭飞桥的下面穿过，在远端的一座塔楼内终止。

376 毕尔巴鄂，古根海姆博物馆，弗兰克 · 盖里设计，1991 年

377 美国华盛顿，国家美术馆东馆，贝聿铭设计，1968—1978 年

376

377

378 日本大阪，光之教堂，安藤忠雄设计，1989 年

379 北京，北京和平宾馆，杨廷宝设计，1953 年

380 北京，中国美术馆，戴念慈设计，1958 年

4. 新现代主义

新现代主义的主要特点是简洁、单纯和精练装饰的建筑形式，以及完整、开敞、明确的内部空间。在室内设计上，采用功能性突出的空间布局和无装饰或只有少量装饰的设计手法。

贝聿铭设计的华盛顿国家美术馆东馆（图 377），室内采用大天窗顶棚，三角形符号被反复运用在各个空间，强调建筑形式的特征。几层挑台俯瞰着主要的开敞空间，为七层的画廊和其他次要空间提供通道连接。

日本建筑师安藤忠雄设计的光之教堂（图 378），是以抽象、肃然、纯粹的几何学理念进行的空间创造，其室内空间以坚实的混凝土墙进行围合，创造出“黑暗”的空间，阳光从墙体上留出的垂直和水平方向的开口渗透进来，形成著名的“光的十字架”，简约而恰当地体现出宗教氛围。

5. 中国室内设计的发展

建国后，国内的室内设计特点是将功能、结构和美统一，避免运用表面性的花饰，把装饰扩大到建筑结构形态和空间特征的展现，保持了建筑空间的完整性和动态性，也更加关注功能，关注内部空间的合理塑造。

新中国成立初期，国民经济还处于恢复阶段，这时期的室内设计主要是以满足基本的使用功能为原则，而现代主义建筑追求功能，并具备经济实惠、简朴高效的性质，正符合当时中国国情。由建筑师杨廷宝设计的北京和平宾馆（图 379）便为这一时期的代表，宾馆建筑内部的房间根据现代主义原则进行设计，一条位于建筑中部的走廊把所有房间联系在一起；楼梯间的交错和暴露的混凝土结构框架清晰可见；在混凝土的立面上有规律地开窗，突出了建筑的材料特性和功能布局的特点；宾馆的室内装修强调为功能服务。

改革开放后，民族复兴的社会意识及“振兴中华”口号的提出，积极推动了室内设计对民族形式的探索，设计师希望通过对传统文化的传承与弘扬来实现“中华民族的伟大复兴”。

1958 年建筑师戴念慈设计的中国美术馆（图 380），建筑外观吸纳了敦煌莫高窟的造型，覆重檐屋顶，构图对称、庄重严谨。室内平面布局上，设有多个宽敞的展厅、美术家创作室和雕塑室。楼梯分布于中庭两侧，大面积石材墙面体现空间的历史厚重感。墙面细部的石材纹样装饰和中国传统式样的装饰大门以及建筑周围的连廊装饰都顺应着建筑外观的民族式风格。

1983 年建成的广州白天鹅宾馆（图 381），突出了简练、朴素、淡雅的设计构思，以前庭、中庭和后花园组成直线展开的空间序列体现导向江面的平面布局特点。白天鹅宾馆的室内设计特色是将室外的景观逐渐引入室内，其空间设计重点是一个顶部采光的名为“故乡水”的中庭，采用传统的水、石、亭布局手法，既有“峭壁寒潭，飞瀑谷鸣”，又有“山亭水桥，什树蔽天”，富有岭南庭院风格。所有交通空间、餐厅、休息厅等均围绕中庭布置，构成上下交错、高旷深邃的立体园林空间环境。室内的装饰、陈设、家具等强调现代与传统的结合，而意境手法的运用，更突出了设计的主题，增强了宾馆的地方特色。

20 世纪 80 年代，外国建筑师的设计作品出现在旅馆建筑领域，其中就包括美籍华人贝聿铭 1982 年设计的香山饭店、美籍建筑师陈宣远建筑师事务所在 1982 年设计的建国饭店等。香山饭店（图 382）的室内设计特点体现在溢香厅的设计中，其空间具备了西方现代建筑中庭的一些构成要素，但更像一个能采光的传统四合院，四周的白墙、灰砖、菱形窗与室内的影壁、叠石、草木共同组成了一个现代、纯净、中国化的室内空间，并且较多运用了传统园林中的窗框、门洞等借景手法。

地域性风格特征是努力表现出中国鲜明的风土民俗文化特点，注重突出当

381 广州，白天鹅宾馆，佘峻南、莫伯治设计，1983 年

382 北京，香山饭店，贝聿铭设计，1982 年

381

382

383 江苏苏州，新苏州博物馆，贝聿铭设计，2006 年

384 北京，北京国际饭店，1987 年

385 北京，人民大会堂香港厅

地的地域文化、人文景观以及历史所遗留的文化痕迹。在室内空间的结构构件上采用抽象化的装饰图案和处理手法，同时强调通过带有浓郁地域性的装饰细节来烘托整个室内环境氛围。比如 1987 年建成的新疆伊斯兰教经学院，其室内设计是运用传统的伊斯兰建筑符号，结合简洁的现代艺术手法而进行的探索。1988 年建成的九寨沟宾馆，室内大量运用了当地的木材、石材，茶室天花采用了藏族寺庙中印有藏族传统装饰纹样的布幔，室内柱式的造型采用了当地藏族堆马柴禾的图案，具有浓郁的地方色彩。

贝聿铭设计的新苏州博物馆（图 383）是一座园林式博物馆，新馆建筑群被分成三块，并以中轴线对称的东、中、西三路布局，新馆色调采用传统的粉墙黛瓦，用颜色更为均匀的深灰色石材做屋面和墙体边饰。建筑内部采用特意改造的抬梁式结构的坡形走廊屋顶来增加室内自然光线的强度，大面积留白的墙面上点缀着几何造型的窗框，独特的漏窗通过“借景”将室外景色带入室内，丰富了室内空间的视觉效果。从房屋构造到材质的选取，从家具的摆放到展品的陈列，所有的构成因素创造出了传统而又富有极简的现代气息的室内空间氛围。

现代主义风格影响下，我国室内装饰的特点是简洁、洗练，突出功能主义，突出界面的变化，以简洁的装饰处理手法突出室内空间的功能。1987 年建成的北京国际饭店（图 384），室内设计采用现代主义的设计手法传递传统与地方文化的信息，中庭运用传统的对称式布局，两侧圆弧形楼梯及二层所延伸出的空间，特别是角部的柱子临空架起的梁架为空间增加了趣味和灵动性。

20 世纪 80 年代中期，后现代主义设计对我国室内设计产生了很大影响。后现代主义所提出的“文脉主义”迎合了当时人们渴望民族复兴的社会心理，我

小贴士

文脉主义：又称后现代都市主义。它是一部分设计师看到国际风格千篇一律的方盒子式建筑损坏了城市原有构造和传统文化之后，试图恢复原有的城市秩序和精力，重建失去的城市文化构造而发展出来的新设计模式。文脉主义强调个性建筑是群体的一部分，同时还使建筑成为建筑史的注释。

国室内设计开始从古典主义和各种历史风格中寻求创意来源，运用中国传统或西洋古典建筑语汇来达到装饰和丰富室内空间的目的。人民大会堂香港厅（图385），在整体设计上采用了西方公共建筑风格，厅内顶棚采用中国传统彩画作为装饰，顶棚运用了直径 25 米水晶大吊灯，会议厅的墙面、地面均采用西班牙旧米黄色大理石，色彩明快，地面反射出闪烁的的水晶灯饰，显得高雅、辉煌。

20 世纪 90 年代开始，中国民众的生活水平逐步提高，室内设计开启了现代简约设计形式的潮流，并形成多元化设计探索的时代。

四、室内陈设艺术发展

1. 波普风格对家具陈设的影响

1956 年，汉密尔顿创作了一张名为《到底是什么使今日之家变得如此不同，如此吸引人呢？》（图 386）的照片拼贴作品，里面所展示的内容包括美国电影明星玛丽莲 · 梦露的肖像、电视机、录音机、通俗海报、健美先生、网球拍形棒棒糖等，直观反映了当时年轻人所追求的室内装饰、室内陈设状态，形象地将当时美国大众流行文化的内涵与形式渲染出来。

20 世纪 60 年代中期，战后婴儿潮在消费等各方面产生巨大影响，波普风格在英国家具设计方面兴起。新的波普美学观和消费观颠覆了采用高品质材料和功能至上等传统设计概念，转而在波普设计中采用易丢弃、可回收的廉价材料，

386 英国，《到底是什么使今日之家变得如此不同，如此吸引人呢？》，汉密尔顿设计，1956 年

387 英国，椅子系列，艾伦 · 琼斯设计，1969 年

388 英国，桌子系列，艾伦 · 琼斯设计，1972 年

389 意大利，袋椅，皮埃罗 · 加提、西萨尔 · 包里尼和佛兰柯 · 提奥多罗设计

390 意大利，吹气沙发，乔纳森 · 德 · 帕斯、保罗 · 罗玛兹等人设计

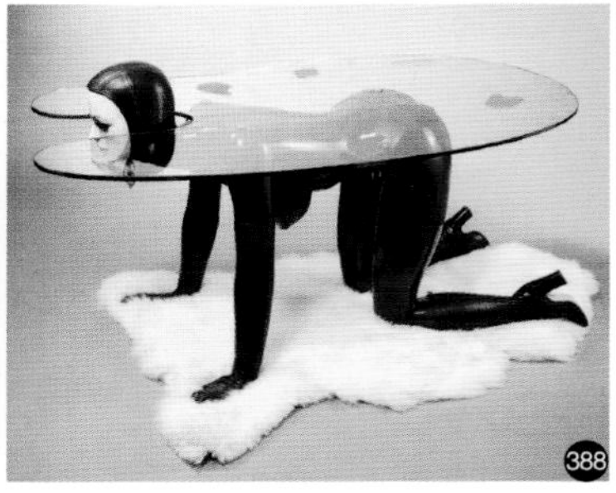

391 费城，文丘里住宅，文丘里和斯科特 · 布朗设计，20 世纪 80 年代

392 德克萨斯州，休斯敦家具陈列室，迈克尔 · 格雷夫斯设计，1979 年

393 意大利，卡尔顿书架，艾托尔 · 索扎斯设计，1981 年

394 纽约，奇彭达尔椅，罗伯特 · 文丘里设计，1978—1984 年

追求古怪新奇和色彩鲜明。英国的"波普"家具设计体现出价格低廉、色彩鲜明、造型新颖等特点，代表作品有简 · 迪隆设计的"可移动的椅子"和艾伦 · 琼斯设计的椅子（图 387）、帽架、桌子系列（图 388）。

20世纪60年代的意大利，在设计文化思潮方面非常活跃和前卫，开展了各种新的具有反叛动机的后现代主义设计运动。20世纪70年代，意大利的家具设计在某种程度上受到美国波普艺术运动的影响，在设计上以强烈的原创性和鲜明的艺术特点来表现。皮埃罗 · 加提、西萨尔 · 包里尼、佛兰柯 · 提奥多罗设计的"袋椅"（图389）和乔纳森 · 德 · 帕斯、保罗 · 罗玛兹等人设计的吹气沙发（图390）是典型的代表作。这类时尚型设计作品，成为年轻人居室中彰显个性的陈设家具选择。

2. 后现代主义对家具设计的影响

在文丘里和斯科特 · 布朗设计的文丘里住宅（图 391）中，强调线条的装饰、玻璃和木构成的橱柜、悬挂的灯具和餐食家具，都彰显出高度个性化的混合陈设设计特色。

1979 年迈克尔 · 格雷夫斯设计的休斯敦家具陈列室（图 392），展示了梅西莫 · 维格里尼和格雷夫斯设计的家具。在室内，双柱支撑着方形的柱头，柱头上面又支撑着间接采光带，并且在室内运用了强烈的辅助色彩，表现出后现代主义室内陈设的典型特征。

"孟菲斯"设计集团通过怪异滑稽的家具设计、织物和装饰物来摆脱现代主义主线，其小组设计的特点是明亮的色彩、装饰的表面图案以及稍微涉及功能的形状。"孟菲斯"设计集团，主要专注于产品设计，主张形式大于功能，在设计中采用各种复杂、色彩鲜艳的表面图案、纹样、肌理，设计形式上充满任意的拼凑、

小贴士

"孟菲斯"设计集团： 属于建筑方面后现代主义运动之外最大规模的后现代设计中心，主要从事产品设计。认为功能从属于形式，在设计形式上充满任意的拼凑、浪漫的细节，并采用艳俗的色彩和戏谑的形式对现代主义设计进行"恶搞"的设计团体。

浪漫的细节，显现出一种艳丽的效果。索扎斯设计的卡尔顿书架（图 393）成为后现代主义产品设计的代表作，书架采用了廉价的工业材料装饰板贴面，大玩偶式的书架色彩大红大绿，表现出荒诞的外观形式和艳俗花哨的装饰色彩，以戏谑、调侃、恶搞的手法来颠覆现代主义设计风格。

1984 年，文丘里为诺尔设计的奇彭达尔椅（图 394），参考了历史先例，并采用装饰图案，开发了系列椅子产品。结构上采用了简单的两个夹板模压部分，一部分形成座位面和前腿，另一部分形成椅背和后腿，这一系列的椅子作品在结构上很相似，都是由胶合板切割制成的式样。这一现代铸模胶合板构造的设计，体现了 18 世纪"奇彭达尔"家具的风格，这种形式上的传统与现代并置是后现代主义的方向特征。

3. 中国家具陈设特点

20 世纪 60 年代，中国家具一直在探索适应当时生活基本需求和具有明显中国时代痕迹的风格。当时的板式家具造型手法仍处于实木传统与现代板式家具之间的过渡阶段，十分讲究线型、线脚和脚架，完全独立创新地设计家具。60 年代中期开始大量应用人造板，家具框架结构基本上被板式结构所取代。

20 世纪 80 年代后期，板式家具的流行使组合家具出现，通过家具组合的变化来体现一种时尚。组合家具成为 80 年代中后期中国家具市场的主流产品，也成为当时室内陈设的主要形式。

20 世纪 90 年代，中国家具受到新技术和后现代主义的影响，家具设计与制造得以更快地发展。家具设计采用了符合人体曲线的造型形式，大量运用简洁的装饰手法，家具在室内陈设中的作用越来越重要。

395 北京，北京苏联展览馆莫斯科餐厅，安德烈夫设计，1954 年

396 北京，北京友谊宾馆，张镈设计，1954 年

397 北京，《泼水节——生命的赞歌》，袁运生设计，1980 年

398 山东曲阜，阙里宾舍，戴念慈、黄德龄设计，1985 年

4. 灯具

建国后灯具发展受室内设计风格的影响很大，逐渐发展为借助现代材料和制作工艺，既讲究灯具的装饰性美感又注重制作的便利，从而创造出许多极具民族特色、民族神韵的新的灯具形式。北京台盟总部办公楼内的灯具设计就结合了传统的建筑形式，很好地体现了传统灯具设计的民族气质。人民大会堂江苏厅的灯具也是提取了江苏民间灯具中的设计元素，进行了创造加工，既具有鲜明的地方特色和民族神韵，又有很强的时代感，实现了传统文化和现代文化的完美融合。大型吊灯是公共空间室内装饰重要的组成部分，北京苏联展览馆的莫斯科餐厅（图 395）中的豪华吊灯形成室内环境陈设的视觉焦点。

5. 艺术品

艺术品在室内陈设方面一直都是重要的组成部分，对室内的氛围营造起到重要的辅助作用。1954 年张镈设计的北京友谊宾馆（图 396），主入口采用了琉璃挂落和单色彩画，并采用了和平鸽、回纹、云卷等图案进行装饰，突出了室内设计的民族特征。

20 世纪 80 年代后，艺术品呈现出多样化发展的趋势。如袁运生在首都机场国内餐厅东墙上创作设计的大型壁画《泼水节——生命的赞歌》（图 397），画中描绘了傣族人民通过泼水节来洗刷被恶魔毒汁污染的身体和相互祝贺的欢愉景象。1985 年戴念慈、黄德龄设计的阙里宾舍（图 398），在室内陈设上运用了很多雕塑、壁画、书法、碑拓等装饰手法，突出典雅、古朴的文化格调，并在大厅的视觉中心摆放了一件战国时期“鹿角立鹤”的雕塑复制品，具有引导视觉中心的作用，回廊围栏上的铜锣也成为独特的装饰语言。

中国少数民族的艺术品也常见于室内空间陈设中，通过民族艺术品来展现民族地域室内风格。如藏族寺庙中挂着锦缎装裱的唐卡彩画，题材主要描绘神像或佛教故事等，在室内陈设中起到装饰墙面的作用。

6. 瓷板绘画

现代瓷板绘画装饰艺术与中国传统文化息息相关，现代瓷板绘画汲取了传统的陶瓷绘画艺术精华，成为传承中国传统文化的现代创作作品。中国当代瓷板绘画作品中，常采用多种材料的相互融合、渗透来表现创作主题，并注重材料的运用，不断拓宽材料的维度，体现观念更新、内容丰富、材质多样、工艺发展和手艺灵活的特质。主要作品有袁世文的瓷板《瑞雪兆丰年》（图 399）和宁勤征的高温中华红颜色釉《独立春风第一香》（图 400）。陶瓷艺术是当当代室内陈设中重要的类型，也是展现中国特色环境的重要装饰手段之一。

399 江西，《瑞雪兆丰年》，袁世文设计，1999 年

400 江西，《独立春风第一香》，宁勤征设计，1993 年

课堂思考

1. 阐述一下解构主义风格的特点。
2. 国外后现代主义室内设计与国内后现代主义倾向的室内设计相比较，有什么不同?
3. 中外室内陈设中家具设计和陈设风格的变化体现在哪些方面?

后记

九年环境艺术设计史论课程的教学积累，以及近几年针对室内设计史论相关资料的搜集和整理，让我深刻感受到史论教材编写的困难与不易。面对现代年轻学生的求知特点，大部头的论述已不合时宜，古今中外设计历史丰富多彩，建筑与室内设计案例精彩纷呈，各种流派风格特色迥异，对不同时期、不同地域的室内设计特点进行概括归纳更显重要。基于此，本教材编写的前提便是精炼、易懂，多学科交叉，案例明确、新颖，对知识点以及专业内容只做梳理不做评论，让学生通过阅读学习，积累建筑与室内设计史论相关知识，提高辨识能力。

目前，相关室内设计史论的教材开始多起来，每本教材都力求特色、内容新颖。我们吸纳了许多教材的编写特点，也引用了很多学者、专家的观点和思路，参考了他们的书籍、教材、文章，受益匪浅。我们还重点引用了美国学者约翰·派尔著，刘先觉、陈宇琳等译的《世界室内设计史》中部分室内经典设计案例，在这里做特别感谢。为了便于学生理解，体现案例优势，我们在教材中采集了大量通过网络获得的优秀设计实例图片，由于部分作者信息不详，只能在此表示衷心感谢。

在教材的编写过程中，为了更为全面、深入地展现室内设计发展的历史过程，突显案例的可视化作用和读图时代的特色，特邀请了两位专业教师和部分学生组成团队参与编写和案例搜集。感谢张宇奇和傅昕老师对第六章和第八章的编写梳理；感谢苏雨静、蔡韶辉、陈思霖、冯少帅、谭小凤、梁卫培、唐海超、龙雨芯、刘安琪等同学在资料搜集方面的辛苦付出，尤其是苏雨静、蔡韶辉两位同学的精心排版和反复修改。

特别感谢广州美术学院吴卫光教授的帮助和指导，感谢上海人民美术出版社孙铭老师和其他编辑人员在教材编写过程中为本书最终出版所做的大量工作。

2017 年 6 月

参考文献

（1）[美] 约翰·派尔著，刘先觉、陈宇琳等译，世界室内设计史（原著第二版）[M]. 北京：中国建筑工业出版社，2007
（2）[美] 瑞兹曼编著，王树良、张玉花译，现代设计史 [M]. 重庆：重庆大学出版社，2010
（3）[英] 麦克德莫特编著，臧迎春、詹凯、李群译，20 世纪设计 [M]. 北京：中国青年出版社，2002
（4）[日] 关野贞著，日本飞鸟时代的建筑 [M]. 中原文物，2006
（5）[挪] 克里斯蒂安·诺伯格 - 舒尔茨著，刘念雄译，巴洛克建筑（第一版）[M]. 北京：中国建筑工业出版社，2000
（6）[法] 达萨编著，方仁杰 金恩林译，巴洛克建筑风格 (1600-1750 年的建筑艺术)(第一版)[M]. 上海：上海人民出版社，2007
（7）李砚祖、王春雨编著，室内设计史（第一版）[M]. 北京：中国建筑工业出版社，2013
（8）朱淳著，中外室内设计史（第一版）[M]. 济南：山东美术出版社，2017
（9）刘敦桢著，中国古代建筑史 [M]. 北京：中国建筑工业出版社，2005
（10）傅熹年著，中国古代建筑史 [M]. 北京：中国建筑工业出版社，2001
（11）潘谷西著，中国建筑史 (第六版)[M]. 北京：中国建筑工业出版社 ,2009
（12）郭黛姮著，中国古代建筑史（第三卷）[M]. 北京：中国建筑工业出版社，2001
（13）陈志华著，外国建筑史 (第四版)[M]. 北京：中国建筑工业出版社，2010
（14）陈志华著，外国建筑史（19 世纪末叶以前）[M]. 北京：中国建筑工业出版社，1997
（15）王受之编著，世界现代设计史 (第一版)[M]. 北京：中国青年出版社，2002
（16）王受之著，世界现代建筑史（第二版)[M]. 北京：中国建筑工业出版社，2012
（17）田自秉著，中国工艺美术史 [M]. 上海：东方出版中心，2010
（18）朱淳主编、闻晓菁等编著，中外室内设计史 (第一版)[M]. 济南：山东美术出版社，2017
（19）闻晓菁编著，中外室内设计史图说 (第一版)[M]. 北京：化学工业出版社，2016
（20）杨冬江著，中国近现代室内设计史（第一版)[M]. 北京：中国水利水电出版社，2007

（21）陈冀峻著，中国当代室内设计史（上第一版）[M].北京：中国建筑工业出版社，2013
（22）陈冀峻著，中国当代室内设计史（下第一版）[M].北京：中国建筑工业出版社，2013
（23）汝信、王瑗、朱易编著，全彩西方建筑艺术史 [M]. 宁夏：宁夏人民出版社，2002
（24）朱忠翠著，中国当代室内设计史（下）[M]. 北京：中国建筑工业出版社，2013
（25）李乾朗编著，穿墙透壁剖视中国经典古建筑（第一版）[M]. 桂林：广西师范大学出版社，2009
（26）李晓莹、杨忠军主编，室内设计艺术史（第二版）[M]. 北京：北京理工大学出版社，2015
（27）郭承波编著，中外室内设计简史（第一版）[M]. 北京：机械工业出版社，2016
（28）张加勉著，中国传统家具图鉴 [M]. 北京：东方出版社，2010
（29）陈文斌著，品读世界建筑史 [M]. 北京：北京工业大学出版社，2007
（30）朱家溍主编，故宫博物院藏文物珍品大系・明清家具（上下第一版）[M]. 上海：上海科学技术出版社，2002
（31）胡德生编著，故宫经典：明清宫廷家具（第一版）[M].北京：紫禁城出版社，2008
（32）茹竞华、彭华亮编著，中国古建筑大系1.宫殿建筑：末代皇都[M].北京：中国建筑工业出版社，1992
（33）王其钧编著，中国古建筑大系5.民间住宅建筑：圆楼窑洞四合院[M].北京：中国建筑工业出版社，2004
（34）谢昆芩著，长安和洛阳：汉唐文学中的帝都气象[M].上海：上海古籍出版社，2013
（35）杨鸿勋，从盘龙城商代宫殿遗址谈中国宫廷建筑发展的几个问题 [J]. 文物 ，1976 (02)
（36）娄星，文化纪念与情感形式——秦汉与古罗马城市纪念雕塑的公共性艺术比较 [D]，2005
（37）朱文涛，古罗马与汉代造物艺术比较研究 [D]，2010
（38）朱储炼，从中西建筑史看中西建筑文化之差异 [D]，2006
（39）张爱珍，从中西建筑差异透视其文化差异 [D]，2012
（40）吕菲，战国至秦汉时期室内风格研究 [D]，2013
（41）葛安伟，秦汉时期室内空间营造研究 [D]，2012
（42）赵琳著 . 魏晋南北朝室内环境艺术研究 [M]. 南京：东南大学出版社，2005

（43）张楠，欧洲中世纪哥特式教堂彩色玻璃窗的色彩语言 [D]. 东北师范大学，2012
（44）扬之水著，古诗文名物新证（二）[M]. 北京：紫荆城出版社，2008
（45）胡文仲，中国家具与中国传统文化现象（一）[J]. 家具与室内装饰，2003（05）
（46）张蕾，论中国传统纹样的象征性 [J]. 艺术百家 . 东南大学建筑学院，2006（07）
（47）本杰明・穆栋，陈曦、张鹏译，巴黎圣母院——建造与保护的历程及方法论 [J]. 建筑遗产，2016（01）
（48）黄天一，拜占庭文化渊源对威尼斯的影响——简论圣马可大教堂的艺术风格 [J]. 城市建筑 . 南开大学，2016（23）
（49）傅熹年，日本飞鸟、奈良时期建筑中所反映出的中国南北朝、隋唐建筑特点 [J]. 文物，1992（10）
（50）杨萌、李婧，日本唐式建筑从奈良到平安时代的逐渐日本化 [J]. 学理论，2013
（51）靠近天国的地方——典型的哥特式建筑巴黎圣母院 [J]. 大科技: 百科新说，2006（01）

《室内设计简史》课程教学安排建议

课程名称：室内设计简史
总学时：48 课时
适用专业：建筑设计、环境设计、室内设计和室内陈设设计

一、课程性质、目的和培养目标

《室内设计简史》是环境设计专业学生必修的重要基础理论课程。专业史论对于学生的专业学习具有重要的理论指导意义，对于学生未来在本专业方向的研究与继续深造起着重要的推动作用。本课程的学习，目的是使学生能够对室内设计历史发展有个初步的了解与认识，对人类的建筑历史演变、室内环境的历史变迁、室内陈设艺术风格的现代发展等内容能够全面地理解与掌握。目标在于使学生在系统、全面地学习专业史论知识的前提下拓宽创意思维，为继续学习其他专业课程打下良好的理论基础。

二、课程内容和建议学时分配

教学单元 1：原始社会时期（4 课时）
教学单元 2：奴隶社会时期（4 课时）
教学单元 3：古典时期（6 课时）
教学单元 4：中世纪时期（6 课时）
教学单元 5：文艺复兴时期（6 课时）
教学单元 6：巴洛克、洛可可时期（6 课时）
教学单元 7：欧洲早期工业社会时期（6 课时）
教学单元 8：工业化时代（6 课时）
教学单元 9：后工业社会时期（4 课时）

三、课程作业

1. 以1-3名同学组成小组，完成自命题论文作业1篇，文字不少于3000字，题目参考：浅析古希腊、古罗马时期的室内设计艺术特征；中国明清家具设计特色及其在室内陈设中的运用等。做到图文并茂，重点体现小组集体的观点。

2. 制作辅助文章讲解的PPT；要求案例准确，辅助作用明显。

3. 以个人为单位，完成1篇搜集整理的室内设计或室内陈设设计方面的案例，并有自己的分析和评价。文字不少于2000字。

四、评价与考核标准

根据学生完成的分析性论文，按以下内容进行分数评定：

1. 题目与文章内容的关联程度
   密切 8-10 分　一般 5-7 分　较少 1-4 分
2. 对各流派风格的熟悉与掌握
   熟悉 20-30 分　一般 10-20 分　不熟 1-10 分
3. 文章结构
   清晰 8-10 分　一般 5-7 分　较差 1-4 分
4. 集体观点
   明确 10-15 分　一般 5-10 分　模糊 1-4 分
5. 理论联系实际程度
   密切 10-15 分　一般 5-10 分　较少 1-4 分
6. 语言、文字表述
   清晰 8-10 分　一般 5-7 分　较差 1-4 分
7. 字数要求
   三千以上 3-5 分　两千以上 2-3 分　两千以下 1-2 分
8. 格式规范
   规范 3-5 分　一般 2-3 分　较差 1-2 分